少儿环保科普小丛书

跨国界的大污染

本书编写组◎编

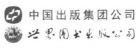

中国出版集团公司

世界图书出版公司

广州·上海·西安·北京

图书在版编目（CIP）数据

跨国界的大污染／《跨国界的大污染》编写组编.
——广州：世界图书出版广东有限公司，2017.3
ISBN 978－7－5192－2502－5

Ⅰ．①跨… Ⅱ．①跨… Ⅲ．①环境污染－青少年读物
Ⅳ．①X5－49

中国版本图书馆 CIP 数据核字（2017）第 049859 号

书　　　名	：跨国界的大污染	
	Kuaguojie De Da Wuran	
编　　　者	：本书编写组	
责任编辑	：冯彦庄	
装帧设计	：觉　晓	
责任技编	：刘上锦	
出版发行	：世界图书出版广东有限公司	
地　　　址	：广州市海珠区新港西路大江冲 25 号	
邮　　　编	：510300	
电　　　话	：（020）84460408	
网　　　址	：http：//www. gdst. com. cn/	
邮　　　箱	：wpc_ gdst@163. com	
经　　　销	：新华书店	
印　　　刷	：虎彩印艺股份有限公司	
开　　　本	：787mm×1092mm　1/16	
印　　　张	：13	
字　　　数	：160 千	
版　　　次	：2017 年 3 月第 1 版　2019 年 2 月第 2 次印刷	
国际书号	：ISBN 978－7－5192－2502－5	
定　　　价	：29.80 元	

本书编写组

主任委员：

    潘　岳　中华人民共和国环境保护部副部长

执行主任：

    李功毅　《中国教育报》社副总编辑

    史光辉　原《绿色家园》杂志社首任执行主编

执行副主任：

    喻　让　《人民教育》杂志社副总编辑

    马世晔　教育部考试中心评价处处长

    胡志仁　《中国道路运输》杂志社主编

编委会成员：

    董　方　康海龙　张晓侠　董航远　王新国

    罗　琼　李学刚　马　震　管　严　马青平

    张翅翀　陆　杰　邓江华　黄文斌　林　喆

    张艳梅　张京州　周腾飞　郑　维　陈　宇

执行编委：

    于　始　欧阳秀娟

本书作者：

    原英群　刘宏程

本书总策划/总主编：

    石　恢

本书副总主编：

    王利群　方　圆

目　录
Contents

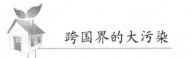

引　　言

　　"采菊东篱下，悠然见南山"、"明月松间照，清泉石上流"、"星垂平野阔，月涌大江流"……诗句中描绘的美好景致曾是大自然给予我们的无比珍贵的馈赠。然而这些古典诗词的美妙意境，如今已难觅踪迹。抬眼望去，我们只见到"漫天黄沙飞舞来，良田沙化不复田"、"不识天空真面目，只缘身在迷雾中"，抑或是"一江污水向东流"！

　　随着工业进程的加快和科技的发展，不仅仅是自然环境的恶化，原本所期望达到的现代化舒适生活，实际上却远远超出了人们的意料。比如，花花绿绿的衣服可能会导致皮肤过敏，丰盛的美味里可能含有不安全的添加剂，刚装修好的房子正散发着你察觉不到的有害气体，新车里的有害气体一股脑儿包围着你，你却还是一脸茫然的表情……

　　同时，人们还发现，周围的环境怎么越来越吵闹，仿佛时刻身处巨大的噪声漩涡里；小时候那种静谧安宁的夜晚也消失了，炫目的灯光让视觉难以得到彻底的放松；化妆品涂得多了，可是脸上的皮肤还越来越差；手机、电脑、扫描仪、微波炉……这些高科技产品方便了工作与生活，但是也带来了如影随形的辐射危害，让人们无所适从。

　　"当天空不再是蓝色，小鸟不会飞翔；当江河不再有清澈，鱼儿也离开家乡；当空气不再是清新，花朵也失去芬芳；当乌云遮住了太阳,世界将黑暗无光……"这是一首有关环保的公益歌曲向我们描述的画面,然而这些已经成为我们必须要面对的现实。"污染"这个字眼,随着人类发展速度的加快,其扩张速度和破坏程度令人瞠目结舌,甚至在南极净土和喜马拉雅山巅都能发现污染物的存在!也许人们的原始动机只是希望建立一个宁静舒适的家园,但是现代化的负面效应,使得自然和社会通过"污染"这个严峻的问题,向人类发出了病危通知单。污染早已超出了国别的范围,成为全球共同面对的问题。

所幸的是,人类的反思能力跟创造能力是一样强大的。20世纪50年代以来,环境污染问题越来越引起世界各国的普遍重视。觉醒的人们早已通过各种各样的努力,为保护全球环境而行动起来。1972年6月5日,联合国在瑞典首都斯德哥尔摩举行了首次人类环境会议,通过了著名的《人类环境宣言》及保护全球环境的"行动计划",规定了人类对全球环境的权利与义务的共同原则。同年10月,第27届联大根据斯德哥尔摩会议的建议,决定成立联合国环境规划署,并正式将每年的6月5日定为"世界环境日(World Environment Day)"。各国政府、科研人员、民间环保组织以及个人也都在不同的层面,通过不同的方式为减少地球污染做出自己的贡献。

污染的话题,我们仍然需要面对;而减少污染,需要全球共同的行动。人与自然和谐的脉动,人与社会融洽的节奏,一度在人类自己手中溜走,而现在,我们应当通过反思和行动,让这种美好的感觉"回家"。

失色的天空

　　世界卫生组织和联合国环境组织发表的一份报告说："空气污染已成为全世界城市居民生活中一个无法逃避的现实。"如果人类生活在污染十分严重的空气里，那就将在几分钟内全部死亡。工业文明和城市发展，在为人类创造巨大财富的同时，也把以数十亿吨计的废气和废物排入大气之中，人类赖以生存的大气圈却成了空中垃圾库和毒气库。因此，大气中的有害气体和污染物达到一定浓度时，就会对人类和环境带来巨大灾难。

墨西哥城的"墨"色天空

墨西哥的首都墨西哥城位于该国中南部高原的山谷中，海拔 2240 米，号称世界最高的城市，面积可达 1500 平方千米，人口多达 1800 多万。市内以及城市周围星罗棋布的古印第安人文化遗迹是墨西哥也是全人类文明历史的宝贵财产。然而，作为西半球最古老的城市，墨西哥城的污染在全球也是非常有名的，有人甚至用"烟雾弥漫，天日难辨"来形容墨西哥城的污染状况。1992 年，联合国把墨西哥城的空气描述成这个星球上污染最严重的空气。6 年后，当地的空气为墨西哥城赢得了"世界上对孩子最危险的城市"的称号。

墨西哥城里的 300 万辆汽车、炼油厂和许多工厂林立的烟囱，每天产生约 1200 吨污染物。一年则要向空气中排放 350 万吨一氧化碳、45 万吨二氧化硫、35 万吨碳氢化合物、27 万吨氮氧化合物和 43 万吨尘埃等等。即使是在晴天，这个城市天空总是灰蒙蒙的，在污染严重的日子里，整个城市淹没在黄不黄、灰不灰的烟雾之中。路上骑车人们不得不戴上口罩，正在飞行的小鸟会突然死亡，而小孩在画天空时，用的是褐色彩笔。在城郊的埃卡特佩克，每天街道和房屋都被白色粉末所覆盖，当地居民说像下"雪"。而那种"雪"是顺风从城市附近工厂吹过来的苛性碱粉末。墨西哥城每年都要拉响十几次烟雾污染警报，甚至致使工厂停工，中小学停课。

在这样的污染环境中，许多墨西哥城的市民，特别是老人和儿童感到眼睛刺痛，不由自主地流泪、干咳，甚至出现呼吸不畅、头痛等症状。为满足人们生存的需要，墨西哥城设立了许多类似电话亭的氧气亭，居民投进2美元的硬币，便可进入亭内呼吸1分钟的纯氧。20世纪80年代末，墨西哥城设立了25个氧气亭，平均每个亭为80万人提供氧气服务，但是仍不能满足人们的需要。科学家称，长期的空气污染正在毁掉该市市民的嗅觉。据墨西哥国立自治大学开展的一项实验显示，生活在墨西哥城中的市民，和附近小镇及农村的居民相比，城里人分辨日常的气味诸如咖啡、橘子汁等要吃力得多。同时还发现他们更难嗅出已腐烂食品的气味。专家称，由于每天吸入了太多的有害气体，导致他们的嗅觉受损，甚至嗅觉死亡。丧失嗅觉的威胁促使政府发出了一系列长达一年的警告：避免外出锻炼或遛圈！

墨西哥城的上空

2240米海拔高度的墨西哥城由于含氧量低，燃料在引擎中的燃烧不充分，所以排放出大量的一氧化碳和悬浮颗粒。专家警告说，如果墨西哥城大气中悬浮粒子的平均浓度提升10%，那么每年将可能会导致 4000 多人死亡。

除了地理原因和人口原因之外，超过 350 万辆行驶在街道上的汽车（其中 30% 超过了 20 年）成为造成墨西哥城严重空气污染的罪魁祸首。这些拥挤的车辆每天排放出大量的尾气，产生大量的一氧化碳和悬浮颗粒物。因此，墨西哥城的防治污染工作主要围绕控制汽车尾气展开。

进入 21 世纪，汽车污染日益成为全球性问题。随着汽车数量越来越多、使用范围越来越广，它对世界环境的负面效应也越来越大，尤其是危害城市环境，引发呼吸系统疾病，使城市环境转向恶化。有关专家统计，到 21 世纪初，汽车排放的尾气占了大气污染的 30% ~ 60%。随着机动车的增加，尾气污染有愈演愈烈之势，由局部性转变成连续性和累积性，而各国城市市民则成为汽车尾气污染的直接受害者。

● 绿色追问——汽车尾气污染 ●

汽车尾气污染是由汽车排放的废气造成的环境污染。可以说，汽车是一个流动的污染源。在世界各国，汽车污染早已不是新话题。汽车排放的尾气含有大量的一氧化碳和悬浮颗粒物，是造成空气污染的重要污染源之一。

污染物质小档案

一氧化碳（CO）

一氧化碳是机动车尾气中的主要污染物之一，是一种无色无味的剧毒气体，可以在大气中连续保持两三年，是一种数量大、累积性强的毒气。它极易与血液中的血红蛋白结合，结合速度比氧气快250倍，因此，在极低浓度时就能使人或动物遭到缺氧性伤害。轻者眩晕、头疼，重者脑细胞受到永久性损伤，甚至窒息死亡。当空气中一氧化碳含量达到4克/立方米时，能在30分钟内致人死亡。此外，一氧化碳还会引起胎儿生长受损和智力低下，对心脏病、贫血和呼吸道疾病患者伤害性更大。

悬浮颗粒物（suspended particulate）

悬浮颗粒物是一些悬浮于空气中的微型颗粒物质，其直径在100微米以下，这类物质聚集过多，便会形成大气污染。悬浮颗粒物污染空气后，直接影响人体健康，被人吸入肺部，在肺内沉积，并可能随血液循环输入全身，引发疾病。悬浮颗粒物中直径小于2微米的飘尘最为有害。这些飘尘体重轻微，不易沉降，成为大量病毒、病菌等致病微生物的搭载体，造成流行病的发生。

关注与行动

墨西哥城的环境保护计划

1989年，墨西哥政府启动了"防治污染计划"，从提高燃油质量、规范车辆行驶、限制工业排放和进行环境调查研究等几个方面，综合治理环境污染问题。墨西哥环境部和各州各市的环境部门在环境委员会的协调下，采取了一系列措施：限制排放不合格的老车上路；实现汽油无铅化；向出租车司机提供贷款，以便更快更新车辆；迁走生产设备陈旧的汽车厂；引进使用天然气和液化气的公共交通工具等等。

1995 年，墨西哥政府出台"保护空气计划"，将环境保护工作又向前推进了一大步。墨西哥城建立了自动大气监测网，在市区架设 33 个监测站，通过大气污染分析仪和气象传感器，向全国通报每天的空气质量情况，并据此限制机动车。

　　值得一提的是，墨西哥城自 20 世纪 80 年代末开始实行"今天不开车"政策。街头红、黄、蓝不同颜色的车牌是墨西哥城的一大景致。彩色车牌是墨西哥城用于限制车辆行驶的办法。目前，墨西哥城有 350 万辆汽车，而且每年还在以 25 万辆/年的速度增加，每年只有 12 万辆旧车被淘汰。在这么多车辆中，1/3 是 10 年以上的老车，没有配备三元催化器。政府规定所有车辆每半年都要接受尾气排放检查。而车龄超过 10 年的老车就配以彩色车牌，每周有一天不能上路，而超过 15 年的车辆每周两天停驶。如果车主违反规定，交通警察有权对其实施 70 美元罚款。2009 年，墨西哥城的街头又多出了一抹抹绿色的风景，那是墨西哥联邦政府在墨西哥城市中心推出的人力环保出租车，这种不耗费汽油、完全靠人

墨西哥城的人力环保出租车

力驱动的人力环保出租车，目的也是为了减少机动车带来的空气污染。

　　墨西哥在改善燃油质量方面也不惜成本。墨西哥政府已投资 20 亿美元研制低硫汽油。目前，墨西哥国家石油公司已经掌握生产低硫汽油的技术。

此外，墨西哥政府增加投资，加快首都地铁新线的建设，目前墨西哥城共有 11 条双轨地铁，总长度 202 千米，日客运量达 450 多万人次。地铁的建设不仅缓解了地上交通的拥挤，也极大地减少了地面车流量造成的污染。

经过多年的综合治理，墨西哥城对空气污染的综合治理取得了明显成效，空气中所含有害气体和悬浮颗粒物已明显减少。现在墨西哥城一年中有近一半的时间空气质量达到合格标准。但是当地负责环保方面的人士表示，目前墨西哥城的空气质量只是回到了 20 世纪 90 年代以前的水平。墨西哥政府正在完善环境治理和保护的中长期计划，决心要从根本上改变墨西哥城的环境面貌，一定要使墨西哥城的天空变蓝。

各国抑制汽车尾气各有高招

在意大利的罗马，自 1997 年以来，如果驾车者想在历史遗迹所在的地区通行，那他每年必须交纳 200～332 欧元的税。此外，还需证明自己是在这个区域工作的。至于住在这里的居民，只要象征性地交 15 欧元就可以了。通过税收汇聚的资金原本计划用来建造停车场，可这些停车场直到 2006 年也迟迟没有建成。即便如此，这些措施也已经使此处每天通过的车辆从 1997 年的 9 万辆减少到了 2006 年的 7 万辆。

新加坡城很早就采取了一项旨在限制商业中心车流量的政策。1975 年，该城首先实行了城市通行税制度，驾车者每天都必须交这个通行税。到了 1998 年，这个办法有了变化，改成了按时段计算的电子收税系统。这项政策使高峰时段（8 时～9 时）的汽车车流量减少了，因为有些人决定在那些通行税不太高的时段（7 时 30 分～8

时和9时~9时30分）开车通过这里。

挪威大部分大城市都要求司机交纳进城费，而这也是直接借鉴了英国伦敦的做法。伦敦自2003年2月以来，就安装了800台摄像机，必须交纳5英镑的通行税才能进入从东部的塔桥到西部的海德公园间方圆21平方千米的区域。但由于公共交通系统已经陈旧，由伦敦市长决定施行的这项改革受到了部分市民的非议。伦敦市政当局想通过实行这项反交通阻塞税，把该市的汽车流量减少10%~15%，并希望把每年征得的1.3亿英镑的通行税用于发展公共交通运输。

德国是采取税收政策来对付汽车污染的。自2001年1月以来，汽车每年的纳税额是根据汽车的功率以及汽车排放污染气体的量来计算的。此外，还实行了补贴制度，就是对那些排放污染气体少的汽车实行补贴。有了这两项规定，一些驾车者可以好几年不用交一分钱的税。这项政策对促使汽车生产商生产更环保的汽车有一定的积极作用。

相关链接：奥运会期间的北京晴空

和世界上大气污染最严重的墨西哥城相比，北京的悬浮颗粒物高出35%、二氧化硫更是高出62%。汽车尾气是造成空气污染、难见晴空的重要原因，因此加强对道路上车辆的限制管理，对于洁净空气可以收到立竿见影的效果。

交通顺畅、空气质量达标是保障奥运会、残奥会顺利召开的重要举措，也是中国在申办奥运会时对国际社会的庄严承诺。2008年奥运期间的北京实行从7月20日至9月20日为期两个月的奥运单双号限行制度，使得北京空气质量达到10年来最好水平，空气污染指数比去年同期降低了 20 多个百分点，空气质量等级多次达到一级、二级的优良水平，久违的蓝天终于为云集了世界各国人民的北京换上了笑脸。

鸟巢上空的晴天

图瓦卢，温室效应下即将消失的国度

图瓦卢群岛分布在夏威夷与澳大利亚之间 130 万平方千米的赤道海域上，由 7 个环形珊瑚礁岛和 2 个珊瑚岛组成，陆地面积总共只有 26 平方千米，最大海拔高度为 5 米，这些岛屿面积狭小，地势低洼，最高的地方不超过海平面 4.5 米。

太平洋岛国图瓦卢

在这浩渺大洋里的小岛国上，人们过着与世无争、简单朴素的生活。然而，人类，尤其是发达国家排放二氧化碳过度所产生的温室效应，引起了全球气候变暖，海平面上升，却使他们不得不代人受过，面临灭顶之灾。

不断上升的海平面和毁灭性的风暴已经开始吞噬海岛。在过去 10 年里，瓦伊图普岛的海滩向后退了 3 米。努库费陶环礁附近的一座小岛已经被"淹没"了，另一座也几乎消失了，现在海水正吞噬着小岛残存的 1/3 陆地。从前巨浪和风暴往往在 11、12 月份出现，但如今它们可能随时降临。在首都富纳富提的最北端有一座炮台，它是美军在二战期间在海岸高地上架设的，现在离海边只有 6 米远了。在岛的南端，有一座临海的会议大厅，据老人们讲，这里曾经是小岛的中心。

2001 年初，联合国政府的气候变化问题小组公开了一份以 3000

名科学家调查为基础撰写的报告，预言到 2010 年，海平面将在现有基础上再上升 18～80 厘米。在过去 10 年里，海水已经侵蚀了图瓦卢 1% 的土地。目前，几个岛上已出现了被海水侵蚀的大洞。从中冒出来的海水又破坏了农民的良田，这些是以前从未出现过的现象。专家预言，如果地球环境继续恶化，在 50 年之内，组成图瓦卢的 9 个小岛将全部没入海中，在世界地图上永远消失！而它们变得无法居住的时间也会大大提前。在这种情况下，图瓦卢政府所能采取的最好办法是举国移民。

在最近三五年里，已有 5000 多图瓦卢人，陆续地告别了自己的家园，在新西兰安了家。但是图瓦卢尚未搬走的其他国民呢？更何况即使人们找到了新的家园，这个国家有形和无形的文化遗产，难道只能随被淹的岛屿一起消失在万顷海波中？

 ## 全球的焦虑

其实，图瓦卢所面临的危机并不是个案。在南太平洋国家巴布亚新几内亚的卡特瑞岛，这一切同样已经成为不得不面对的事实。因为温室效应导致海平面上升，卡特瑞岛上的主要道路水深已经及腰，农地也全变成烂泥巴地。卡特瑞岛的一位环保人士保罗塔巴锡说："他们已经持续被海洋力量攻击，还有持续不断的洪水，原有的地区都被改变了，被破坏殆尽，几乎所有的地方都被海水淹没了。"

而位于南亚恒河三角洲上的罗哈恰拉岛本来与葛拉马拉岛咫尺相望（就在东边不到 2 千米的地方），现在已经沉没在波浪之下。这座岛屿是两年前被海水吞没的，导致 7000 多人无家可归。葛拉马拉岛本身在过去几年中也失去了 1/3 的土地。北面的萨格尔岛现在居住着 2 万名因海水侵蚀而失去家园的难民。加尔各答加达乌普大学海洋学院院长、地质学家苏加塔·哈兹拉指出，"这些人是全球变暖的受害者，"他说，"喜马拉雅冰川的加速融解使河流水量暴涨，河水在人们居住的平坦三角洲上横冲直撞。孙德尔本斯和住在印度一侧的 400 万人危在旦夕。在过去几十年里，该地区失去了 72 平方英里（约 186 平方千米）的土地，这个地区都在经历一场灾难，其严重性完全可以看作即将到来的情况的警告。"

来自葛拉马拉岛的一位名叫安古尔巴拉的妇女回忆了失去家园的情形："海水冲进我们家的时候，一切都改变了。我的孙子淹死了，大水冲走了一切……面对大海，似乎我们已无处可逃。"

● 绿色追问——温室效应 ●

类似图瓦卢群岛的遭遇，已经引起了全世界的关注。它面临灾难的主要诱因就是矿物燃料排入大气中的大量二氧化碳，形成"温室效应"，导致了全球变暖。

温室效应，又称"花房效应"，是大气保温效应的俗称。大气能使太阳短波辐射到达地面，但地表向外放出的长波热辐射线却被大气吸收，这样就使地表与低层大气温度增高，因其作用类似于栽培农作物的温室，故名温室效应。如果大气不存在这种效应，那么地表温度将会下降约 3 摄氏度或更多。反之，若温室效应不断加强，全球温度也必将逐年持续升高。

温室效应主要是由于现代化工业社会过多燃烧煤炭、石油和天然气，这些燃料燃烧后放出大量的二氧化碳气体进入大气造成的。人类活动和大自然本身还排放其他温室气体，它们是甲烷（CH$_4$）、氧化亚氮（N$_2$O）、全氟化碳（PFCs）、氢氟碳化物（HFCs）及六氟化硫（SF$_6$）等。排放 1 吨甲

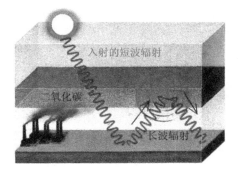

温室效应示意图

烷相当于排放 21 吨二氧化碳、排放 1 吨氧化亚氮相当于 310 吨二氧化碳，排放 1 吨氢氟碳化物相当于排放 140～11700 吨二氧化碳。

污染物质小档案

二氧化碳（CO$_2$）

二氧化碳气体具有吸热和隔热的功能。它在大气中增多的结果是形成一种无形的玻璃罩，使太阳辐射到地球上的热量无法向外层空间发散，其结果是地球表面变热起来。因此，二氧化碳也被称为温室气体。

甲烷（CH$_4$）

甲烷是大气中含量丰富的有机气体，它主要来自于地表，可分为人为源和自然源。人为源包括天然气泄漏、石油煤矿开采及其他生产活动、热带生物质燃烧、反刍动物、城市垃圾处理场、稻田等。

氧化亚氮（N$_2$O）

大气中的氧化亚氮均来源于地面排放，全球每年氧化亚氮源总量约为 1470 万吨。根据大气中 N$_2$O 浓度的增长，可以大致确定大气中

N_2O 的年增加量约为 390 万吨。氧化亚氮的产生和排放涉及多领域，主要包括工业、农业、交通、能源生产和转换、土地变化和林业等。

氢氟碳化物（HFCs）

氢氟碳化物是有助于避免破坏臭氧层的物质，常用来替代耗臭氧物质，如广泛用于冰箱、空调和绝缘泡沫生产的氯氟烃（CFCs）。由于它们在室温下就可以汽化，同时它们具有无毒和不可燃的特性，所以被用于制冷设备和气溶胶喷雾罐。同时它们的化学性质不活泼，在它们被破坏之前会在大气中滞留很长时间——100 年甚至 200 年。它们在大气中的含量虽然不大，但却足以引起严重的气候环境问题。

全氟化碳（PFCs）

全氟化碳主要包括 CF_4、C_2F_6 及 C_4F_{10} 三种物质，其中 CF_4 占绝大部分，C_4F_{10} 的量很少。铝生产过程是最大的 CF_4、C_2F_6 排放源。这些排放主要是在冶炼过程中当炉中的铝土浓度减少时由阳极效应产生的。虽然氢氟碳化物对气候变化的影响还很小，不足二氧化碳的 1%，但到 2050 年，氢氟碳化物对气候变暖的贡献比例将上升至二氧化碳的 7%～12%。而如果经过国际努力能够成功稳定住全球二氧化碳排放量的话，氢氟碳化物对气候变暖的影响会变得更加至关重要。

六氟化硫（SF_6）

六氟化硫全部是人为产物，其中 20% 来自镁生产过程，由于 SF_6 与铝发生反应，故铝生产过程排放很少，其他 80% 排放来自绝缘器及高压转换器的消耗。

全氟化碳（PFCs）和六氟化硫（SF_6）在大气中的化学活性稳定，它们的寿命相当长，其清除机制是缓慢光解和沉降。

《京都议定书》——以法规形式限制温室气体排放

为了人类免受气候变暖的威胁，1997 年 12 月，在日本京都召开的《联合国气候变化框架公约》缔约方第三次会议通过了旨在限制发达国家温室气体排放量以抑制全球变暖的《京都议定书》。

《京都议定书》是气候变化国际谈判中的里程碑式的协议，自 2005 年 2 月 16 日起正式生效。它的主要内容是限制和减少温室气体排放，规定了 2008 年～2012 年的减排义务。它将工业化国家分成 8 组，以法律形式要求他们控制并减少包括二氧化碳（CO_2）、甲烷（CH_4）、氧化亚氮（N_2O）、全氟碳化物（PFCs）、氢氟碳化物（HFCs）、含氯氟烃（HCFCs）及六氟化硫（SF_6）等七种温室气体在内的排放。具体说，各发达国家从 2008 年到 2012 年必须完成的削减目标是：与 1990 年相比，欧盟削减 8%、美国削减 7%、日本削减 6%、加拿大削减 6%、东欧各国削减 5%～8%。新西兰、俄罗斯和乌克兰可将排放量稳定在 1990 年水平上。议定书同时允许爱尔兰、澳大利亚和挪威的排放量比 1990 年分别增加 10%、8% 和 1%。

《京都议定书》需要在占全球温室气体排放量 55% 以上的至少 55 个国家批准，才能成为具有法律约束力的国际公约。中国于 1998 年 5 月签署并于 2002 年 8 月核准了该议定书。欧盟及其成员国于 2002 年 5 月 31 日正式批准了

时任俄罗斯总统的普京
在《京都议定书》上签字

《京都议定书》。2004年11月5日，时任俄罗斯总统的普京在《京都议定书》上签字，使其正式成为俄罗斯的法律文本。截至2005年8月13日，全球已有142个国家和地区签署该议定书，其中包括30个工业化国家，批准国家的人口数量占全世界总人口的80%。

约束的继续——巴厘岛路线图

2008年联合国气候大会在印度尼西亚的旅游胜地巴厘岛举行。各国希望在《京都议定书》第一期承诺2012年到期后，能够达成一份新协议，使得关于限制温室气体排放的约束能够继续生效。最终"巴厘岛路线图"包括了13项内容和1个附录。

2008年联合国气候大会场面

"共同但有区别的责任"原则成为"巴厘岛路线图"一项重要内容。此外"巴厘岛路线图"明确规定，公约的所有发达国家缔约方都要履行可测量、可报告、可核实的温室气体减排责任，这把美国纳入其中。除减缓气候变化问题外，还强调了另外三个在以前国际谈判中曾不同程度受到忽视的问题：适应气候变化问题、技术开发和转让问题以及资金问题。这三个问题是广大发展中国家在应对气候变化过程中极为关心的问题。"巴厘岛路线图"是人类应对气候变化历史中的一座新里程碑。

联合国秘书长潘基文在会议上动情呼吁："请珍惜这一刻，为了全人类。我呼吁你们达成一致，不要浪费已经取得的成果。我们这个星球的现实要求我们更加努力。"

联合国秘书长潘基文在会议上动情呼吁

减少温室气体的措施

其实对于减少全球温室气体排放来说，除了法规的约束之外，还有很多实际行动可以去执行，以下几个方面就是全球正在为之努力的方向，当然，希望人们可以做到的远不止于此。

1. 保护森林的对策方案

今日以热带雨林为生的全球森林，正在遭到人为持续不断的急剧破坏。有效的应对措施，便是赶快停止这种毫无节制的森林破坏，另一方面实施大规模的造林工作，努力促进森林再生。

2. 汽车使用燃料状况的改善

目前，全球低油耗、排量小的汽车正在逐步地占据主要市场。由于此项努力所导致的化石燃料消费削减，可使温室效应大幅度降低。

3. 改善其他各种场合的能源使用效率

当今的人类生活，到处都在大量使用能源，其中尤其以住宅和办公室的冷暖气设备为最。因此，对于提升能源使用效率方面，仍然具有大幅改善余地。

4. 鼓励使用天然气作为主要能源

相对于汽油来说，天然气较少排放二氧化碳。目前全球很多城市都在普遍采用这种清洁能源。

5. 鼓励使用太阳能

譬如推动所谓"阳光计划"，这方面的努力能使化石燃料用量相对减少，因此对于降低温室效应具备直接效果。

酸雨，给自由女神"化了妆"

举世闻名的自由女神像，高高地耸立在纽约港口的自由岛上，象征着美国人民争取自由的崇高理想。

这座铜像以 120 根钢铁为骨架，80 块铜片为外皮，30 万只铆钉装配固定在支架上，总重量达 225 吨。从 1886 年至今，自由女神像的外观已经形成一层非常漂亮的蓝绿色铜绿，能有效地保护女神像的铜表面。

但是由于酸雨的降临，自由女神变得不再光彩照人。酸雨使得钢筋混凝土外包的薄铜片逐渐变得疏松，一触即掉，因此不得不进行大规模修补。

自由女神铜像

 全球的焦虑

遭受酸雨侵蚀的著名雕塑并非只有自由女神像，当今世界，由于酸雨危害，很多光彩千年的雕塑正在逐渐变得暗淡无光，而且受腐蚀的速度越来越快。

意大利威尼斯圣玛丽教堂正面上部阳台上的四匹青铜马曾被拿破

仑掠到过巴黎，后来完璧归赵。近来却因酸雨损坏严重无法很好修复，只得移到室内，在原处用复制品代替。

荷兰中部尤特莱希特大寺院中，有一套组合音韵钟，是在17世纪铸造的名钟。300年来人们一直十分喜欢听它的声音，可是近30年来钟的音程出了毛病，音色也逐渐变得不洪亮。因为钟是用80%的铜制的，由于敲钟时反复震动铜锈逐渐剥落，酸雨腐蚀已经进入到钟的内部。

欧洲有超过10万栋镶有中世纪古老彩色玻璃的教堂，但是如今这些教堂上的彩色玻璃逐渐失去神秘的光泽，变褐，有的甚至完全褪色。仔细观察玻璃表面，有无数细小的洞。酸雨在小洞中继续和钾、钠、钙等物质发生反应（钙是中世纪生产的玻璃中才有的），例如和钙发生化学反应后生成石膏，从而在内部损害了玻璃。

我国故宫太和殿台阶的栏杆上雕刻着各式精美的浮雕花纹，50多年前图案还清晰可辨，现在却大多已模糊不清，有的已腐蚀成光板。杭州灵隐寺的"摩崖石刻"近年来经酸雨侵蚀，佛像的眼睛、鼻子、耳朵等剥蚀现象严重，修补后，古迹也不再"古"。

杭州灵隐寺受酸雨腐蚀的石像

希腊雅典埃雷赫修庙上亭亭玉立的少女神像已被"折磨"得"面容憔悴"、"污头垢面"。而号称世界最大露天博物馆的智利复活节岛上的石雕人像，正面临着解体和倒塌的威胁。

在美国东部和加拿大南部酸雨已经成为棘手的问题。在北美地区，降水 pH 值只有 3 ~ 4 的酸雨已司空见惯。美国的 15 个州降雨的 pH 平均值在 4.8 以下。西弗吉尼亚降雨的 pH 平均值甚至下降到 1.5，这是最严重的记录。在加拿大，酸雨的危害面积已达 120 万 ~ 150 万平方千米。

岛上遭受腐蚀的石雕人像

猖獗的酸雨严重地威胁着欧洲。其中，比利时是西欧酸雨污染最为严重的国家，它的环境酸化程度已超过正常标准的 16 倍。在意大利北部，5% 的森林死于酸雨。瑞典有 15000 个湖泊酸化。挪威有许多马哈鱼生活的河流已经遭酸雨污染。

酸雨也席卷了亚洲大陆。1971 年日本就有酸雨的报道，该年 9 月，东京的一场小雨，有十几个行人感到眼睛刺痛。1983 年日本环境厅组织酸雨委员会进行降水化学组成的监测和湖泊水质调查。几年的调查结果初步表明，pH 的年平均值处于 4.3 ~ 5.6 之间。中国是仅次于欧洲和北美的第三大酸雨区，酸雨给我国造成巨大的经济损失。我国酸雨区面积扩大之快、降水酸化率之高，在世界上是罕见的。1998 年，全国一半以上城市降水年均 pH 值低于 5.6。酸雨在我国几乎呈燎原之势，覆盖面积已占国土面积 30% 以上。因酸雨造成的年总损失为 130 亿元。其实，北方城市二氧化硫的排放量并不比南方少，只是因为北方土壤呈碱性，大气中尘沙又多，雨滴在经过大气层时得到了中和。我国酸雨中的主要成分是硫酸。雨水中硫酸和硝酸的比值很大，是美国和德国的 6 ~ 7 倍。

更加令人震惊的是，在"人类最后一片净土"——南极居然也观测到了酸雨，而且是比较强的酸雨。例如，我国南极长城站 1998 年 4

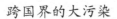

月曾先后 8 次观测到酸雨，其中最低 pH 值只有 4.45。长城站的铁质房屋和塔台被锈蚀得成层剥落，有的不得不进行更新。为了减缓腐蚀，每年要刷 2 ~ 3 次油漆。

● 绿色追问——酸雨 ●

酸雨被称为"空中死神"，是目前人类遇到的全球性区域灾难之一。20 世纪 70 年代，瑞典政府曾组织了一个科学调查小组，在斯德哥尔摩召开的人类环境会议上提出一份《跨国界的大气污染：大气和降水中的硫对环境的影响》的报告，认为酸雨给人们带来的危害将不低于核辐射。从此，酸雨成为举世瞩目的环境污染问题。

平常的雨水都呈微酸性，pH 值在 5.6 以上，这是因为大气中的二氧化碳溶解于洁净的雨水以后，一部分形成呈微酸性的碳酸的缘故。然而燃烧煤和石油的过程会向大气大量释放二氧化硫（SO_2）和氮氧化物（NO_x），当这些物质达到一定的浓度以后，会与大气中的水蒸气结合，形成硫酸和硝酸，使雨水的酸性变大，pH 值变小。pH 值小于 5.6 的雨水，我们称之为酸雨。

污染物质小档案

二氧化硫（SO_2）

在矿物燃料煤、石油中，往往含有一些硫的化合物。在燃烧煤或石油的过程中，一些硫的化合物会转化成二氧化硫。二氧化硫是一种无色、有刺激性气味的气体。在大气中，在金属氧化物粉尘的催化作用下，二氧化硫跟其他物质发生化学反应，被降水吸收，就形成了酸雨。

氮氧化物（NO$_x$）

氮氧化物（NO$_x$）种类很多，造成大气污染的主要是一氧化氮（NO）和二氧化氮（NO$_2$），因此环境学中的氮氧化物一般就指这两者的总称。

就全球来看，空气中的氮氧化物主要来源于天然源，但城市大气中的氮氧化物大多来自于燃料燃烧，即人为源，如汽车等流动源，工业窑炉等固定源。

21 世纪以来，全世界酸雨污染范围日益扩大，由北欧扩展到中欧，又由中欧扩展到东欧，几乎整个欧洲地区都在降酸雨。目前，全世界有三大酸雨区：北美地区、欧洲地区和中国南方地区。

酸雨会严重地破坏生态环境，使土壤酸化，农作物减产，林木枯死；使湖泊河流的水质酸化，水中的水生物死亡。酸雨还会腐蚀各种建筑物，使钢铁锈蚀，使水泥或大理石溶解，使各种历史遗迹受到不可弥补的损坏。据调查，在欧洲，除了"黑三角地带"80%的森林遭到了毁灭性的破坏以外，瑞典约有4500个湖泊里的鱼由于酸雨的影响而绝迹。中国四川峨嵋山的林木有80%也遭到了酸雨的损害，著名的四川乐山大佛也因酸雨而"遍体鳞伤"。

遭酸雨腐蚀的森林

近年来，一些国家披露，因酸雨污染致死的儿童和老人，在德国已有4000余人，英国达5000人，美国有20000多人。酸雨使美国和加拿大毗邻处一年中致病死亡50000余人。日本的酸雨一度引起人体皮肤疾患，诱发和加剧了哮喘和呼吸道病变。

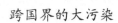

关注与行动

酸雨的危害已引起世界各国的普遍关注。虽然目前还不能有效地控制酸雨的发生，但世界各国都在积极地进行着建立酸雨监测系统的工作。治理酸雨包括两个方面：一是医治已经酸化的环境，如瑞典、美国和德国等国已尝试用碳酸钙挽救酸雨危害的水体和森林。二是严格控制和减少酸雨气体的排放，其重要措施是安装废气净化装置和改进燃烧方式。1979年，为减少二氧化硫的排放量，由联合国欧洲经济委员会（ECE）发起，在日内瓦签署了长距离跨边界大气污染条约。自1982年起，挪威、芬兰、瑞典、丹麦、奥地利等国提出，到1993年本国排硫量在1980年的基础上降低30%，加拿大则提出在同期内降低50%的更高标准。由于汽车是氧化氮的主要释放源之一，所以安装催化转化器和改进引擎有重大意义。中国从20世纪70年代开始对酸雨进行监测，并在控制燃煤，改燃煤为天然气，减烧高硫煤方面采取着行动。

联合国也曾多次召开国际会议讨论酸雨问题。许多国家把控制酸雨列为重大科研项目。1993年在印度召开的"无害环境生物技术应用国际合作会议"上，专家们提出了利用生物技术预防、阻止和逆转环境恶化，增强自然资源的持续发展和应用，保持环境完整性和生态平衡的措施。专家们认为：利用生物技术治理环境具有巨大的潜力。煤是当前最重要的能源之一，但煤中含有硫，燃烧时放出 SO_2 等有害气体。煤中的硫有无机硫和有机硫两种。无机硫大部分以矿物质的形式存在，其中主要的是黄铁矿（FeS_2）。生物学家利用微生物脱硫，将二价铁变三价铁，把单体硫变成硫酸，取得了很好效果。例如，日本中央电力研究所从土壤中分离出一种硫杆菌，它是一种铁氧化细菌，能有效地去除煤中的无机硫。美国煤气研究所筛选出一种新的微生物菌株，它能从煤中分离有机硫而不降低煤的质量。捷克筛选出的一种酸热硫化杆菌，可脱除黄铁矿中 75% 的硫。据 1991 年统计，捷克利用生物技术已平均脱去煤中无机硫的 78.5%，有机硫的 23.4%，目前，科学家已发现能脱去黄铁矿中硫的微生物还有氧化亚铁硫杆菌和氧化硫杆菌等。日本财团法人电力中央研究所最近开发出的利用微生物胶硫的新技术，可除去 70% 的无机硫，还可减少 60% 的粉尘。这种技术原理简单，设备价廉，特别适合无力购买昂贵脱硫设备的发展中国家使用。生物技术脱硫符合"源头治理"和"清洁生产"的原则，因而是一种极有发展前途的治理方法，越来越受到世界各国的重视。

浓雾，笼罩在伦敦上空

1952 年 12 月 5～8 日，一场灾难降临了英国伦敦。地处泰晤士河河谷地带的伦敦城市上空处于高压中心，一连几日无风，风速表读数为零。大雾笼罩着伦敦城，又值城市冬季大量燃煤，排放的煤烟粉尘在无风状态下蓄积不散，烟和湿气积聚在大气层中，致使城市上空连续四五天烟雾弥漫，能见度极低。在这种气候条件下，飞机被迫取消航班，汽车即便白天行驶也须打开车灯，行人走路都极为困难，只能沿着人行道摸索前行。

由于大气中的污染物不断积蓄，不能扩散，许多人都感到呼吸困难，眼睛刺痛，流泪不止。伦敦医院由于呼吸道疾病患者剧增而一时爆满，伦敦城内到处都可以听到咳嗽声。仅仅 4 天时间，死亡人数达4000 多人。就连当时一场盛大的得奖牛展览中的 350 头牛也惨遭劫难。一头牛当场死亡，52 头严重中毒，其中 14 头奄奄待毙。两个月后又有 8000 多人陆续丧生。这就是骇人听闻的"伦敦烟雾事件"。

可悲的是，烟雾事件在伦敦出现并不是独此一次，相隔 10 年后又发生了一次类似的烟雾事件，造成 1200 人的非正常死亡。直到 70 年代后，伦敦市内改用煤气和电力，并把火电站迁出城外，使城市大气污染程度降低了 80％，骇人的烟雾事件才没有在伦敦再度发生。

全球的焦虑

1952 年伦敦烟雾是比较典型的由于燃煤废气和天气因素共同造成的环境灾害，在人类历史上曾经多次出现类似事件：1930 年比利时马斯河谷烟雾事件、1948 年发生在美国的多诺拉烟雾事件等都是此类环境灾害的典型案例。

马斯河谷烟雾事件

在比利时境内沿马斯河 24 千米长的一段河谷地带，即马斯峡谷的列日镇和于伊镇之间，两侧山高约 90 米。许多重型工厂分布在河谷上，包括炼焦、炼钢、电力、玻璃、炼锌、硫酸、化肥等工厂，还有石灰窑炉。

1930 年 12 月 1～5 日，时值隆冬，大雾笼罩了整个比利时大地。比利时列日市西部马斯河谷工业区上空的雾此时特别浓。由于该工业区位于狭长的河谷地带，气温发生了逆转，大雾像一层厚厚的棉被覆盖在整个工业区的上空，致使工厂排出的有害气体和煤烟粉尘在地面上大量积累，无法扩散，二氧化硫的浓度也高得惊人。3 日这一天雾最大，加上工业区内人烟稠密，整个河谷地区的居民有几千人开始生病。病人的症状表现为胸痛、咳嗽、呼吸困难等。一星期内，有 60 多人死亡，其中以原先患有心脏病和肺病的人死亡率最高。与此同时，许多家畜也患了类似病症，死亡的也不少。据推测，事件发生期间，大气中的二氧化硫浓度竟高达 25～100 毫克/立方米，空气中还含有有害的氟化物。专家们在事后进行分析认为，此次污染事件，几种有害气体与煤烟、粉尘同时对人体产生了毒害。

美国多诺拉烟雾事件

多诺拉是美国宾夕法尼亚州的一个小镇，位于匹兹堡市南边30千米处，有居民1.4万多人。多诺拉镇坐落在一个马蹄形河湾内侧，两边高约120米的山丘把小镇夹在山谷中。多诺拉镇是硫酸厂、钢铁厂、炼锌厂的集中地，多年来，这些工厂的烟囱不断地向空中喷烟吐雾，以致多诺拉镇的居民们对空气中的怪味都习以为常了。

1948年10月26~31日，持续的雾天使多诺拉镇看上去格外昏暗。气候潮湿寒冷，天空阴云密布，一丝风都没有，空气失去了上下的垂直移动，出现逆温现象。在这种死风状态下，工厂的烟囱却没有停止排放，就像要冲破凝住了的大气层一样，不停地喷吐着烟雾。

两天过去了，天气没有变化，只是大气中的烟雾越来越厚重，工厂排出的大量烟雾被封闭在山谷中。空气中散发着刺鼻的二氧化硫（SO_2）气味，令人作呕。空气能见度极低，除了烟囱之外，工厂都消失在烟雾中。

喷吐浓雾的烟囱

随之而来的是小镇中6000人突然发病，症状为眼疾病、咽喉痛、流鼻涕、咳嗽、头痛、四肢乏倦、胸闷、呕吐、腹泻等，其中有20多人生命垂危。死者中年龄多在65岁以上，大都原来就患有心脏病或呼吸系统疾病，情况和当年的马斯河谷事件相似。

这次的烟雾事件发生的主要原因，是由于小镇上的工厂排放的含有二氧化硫等有毒有害物质的气体及金属微粒在气候反常的情况下聚集在山谷中积存不散，这些毒害物质附着在悬浮颗粒物上，严重污染了大气。人们在短时间内大量吸入这些有毒害的气体，引起各种症状，以致暴病成灾。

● 绿色追问——烟雾污染 ●

1952 年酿成伦敦烟雾事件主要的凶手有两个，冬季取暖燃煤和工业排放的烟雾是元凶，逆温现象是帮凶。伦敦工业燃料及居民冬季取暖使用煤炭，煤炭在燃烧时，会生成水（H_2O）、二氧化碳（CO_2）、一氧化碳（CO）、二氧化硫（SO_2）、二氧化氮（NO_2）和碳氢化合物（CH）等物质。这些物质排放到大气中后，会附着在飘尘上，凝聚在雾气上，进入人的呼吸系统后会诱发支气管炎、肺炎、心脏病。当时持续几天的"逆温"现象，加上不断排放的烟雾，使伦敦上空大气中烟尘浓度比平时高 10 倍，二氧化硫的浓度是以往的 6 倍，整个伦敦城犹如一个令人窒息的毒气室一样。

关注与行动

1956 年，英国政府首次颁布《清洁空气法案》，大规模改造城市居民的传统炉灶，减少煤炭用量；冬季采取集中供暖；在城市里设立无烟区，区内禁止使用产生烟雾的燃料；煤烟污染的大户——

发电厂和重工业设施被迁到郊区。1968 年又颁布了一项清洁空气法案，要求工业企业建造高大的烟囱，加强疏散大气污染物。1974 年出台《空气污染控制法案》，规定工业燃料里的含硫上限。这些措施有效地减少了烧煤产生的烟尘和二氧化硫污染。1975 年，伦敦的雾日由每年几十天减少到了 15 天左右，1980 年降到 5 天左右。"雾都"已经名不副实。

从 1993 年 1 月开始，所有在英国出售的新车都必须加装催化器以减少氮氧化物污染。1995 年，英国通过了《环境法》，要求制定一个治理污染的全国战略。后者于 1997 年 3 月份出台，根据国内、欧盟及世界卫生组织的标准，设立了必须在 2005 年前实现的污染控制定量目标，要求工业部门、交通管理部门和地方政府共同努力，减少一氧化碳、氮氧化物、二氧化硫等 8 种常见污染物的排放量。

2001 年 1 月 30 日，伦敦市发布了《空气质量战略草案》。市长肯·利文斯通说，每年英国有 2.4 万人死于与空气污染有关的疾病，他将致力于进一步提高伦敦的空气质量，消除大气污染对公众健康和日常生活的影响。目前伦敦大气中的可吸入颗粒物和氮氧化物含量仍高于国家空气质量目标限定的最高含量，这些污染物主要来自交通工具。市政府将大力扶持公共交通，目标是到 2010 年把市中心的交通流量减少 10% ~ 15%。伦敦还将鼓励居民购买排气量小的汽车，推广高效率、清洁的发动机技术以及使用天然气、电力或燃料电池的低污染汽车。

如今，慕"雾都"之名而来的人们可能会失望，只有偶尔在冬季或初春的早晨才能看到一层薄薄的白色雾霭，无数英国文学作品中曾经描绘过的沿街滚滚而下的黄雾已经消失了踪影。阳光驱散薄雾后，四周是一片清明，让人难以想象当年迷离晦暗的雾中情景。对伦敦来说，或许是失去了少许神秘和浪漫的气氛，但得到的却是更高的生活质量。生活在一个干净、健康的环境中是何等重要！

晴朗的伦敦街头一角

光化学烟雾，洛杉矶上空的新污染

　　洛杉矶位于美国西南海岸，西面临海，三面环山，是个阳光明媚、气候温暖、风景宜人的地方。早期金矿、石油和运河的开发，加之得天独厚的地理位置，使它很快成为一个商业、旅游业都很发达的港口城市。洛杉矶市很快就变得空前繁荣，著名的电影业中心好莱坞和美国第一个"迪斯尼乐园"都建在了这里。城市的繁荣又使洛杉矶人口剧增。白天，纵横交错的城市高速公路上拥挤着数百万辆汽车，整个城市仿佛一个庞大的蚁穴。

　　然而好景不长，从20世纪40年代初开始，人们就发现这座城市一改以往的温柔，变得"疯狂"起来。每年从夏季至早秋，只要是晴朗的日子，城市上空就会出现一种弥漫天空的浅蓝色烟雾，使整座城市上空变得浑浊不清。这种烟雾使人眼睛发红，咽喉疼痛，呼吸憋闷、头昏、头痛。1943年以后，烟雾更加肆虐，以致远离城市100千米以外的海拔2000米高山上的大片松林也因此枯死，柑橘减产。仅1950～1951年两年间，美国因大气污染造成的损失就达15亿美元。1955年，因呼吸系统衰竭死亡的65岁以上的老

洛杉矶上空的光化学烟雾

人达 400 多人。1970 年，约有 75% 以上的市民患上了红眼病。这就是
最早出现的新型大气污染事件——光化学烟雾。

全球的焦虑

洛杉矶的遭遇并不是个别的，从那以后类似的事件一再发生，为
人们敲响了警钟。

1970 年，美国加利福尼亚州发生光化学烟雾事件，农作物损失达
2500 多万美元。

1971 年，日本东京发生了较严重的光化学烟雾事件，使一些学生
中毒昏倒。与此同时，日本的其他城市也有类似的事件发生。此后，
日本一些大城市连续不断出现光化学烟雾。日本环保部门经对东京几
个主要污染源排放的主要污染物进行调查后发现，汽车排放的 CO、
NO_x、HC 三种污染物约占总排放量的 80%。

1997 年夏季，拥有 80 万辆汽车的智利首都圣地亚哥也发生光化
学烟雾事件。由于光化学烟雾的作用，迫使政府对该市实行紧急状态：
学校停课、工厂停工、影院歇业，孩子、孕妇和老人被劝告不要外出，
使智利首都圣地亚哥处于"半瘫痪状态"。在北美、英国、澳大利亚
和欧洲地区也先后出现这种烟雾。

● 绿色追问——光化学烟雾 ●

光化学烟雾是由于汽车尾气和工业废气排放造成的，一般发生在
湿度低、气温在 24℃~32℃ 的夏季晴天的中午或午后。汽车尾气中的

烯烃类碳氢化合物和二氧化氮（NO_2）被排放到大气中后，在强烈的阳光紫外线照射下，会吸收太阳光所具有的能量。这些物质的分子在吸收了太阳光的能量后，会变得不稳定起来，原有的化学链遭到破坏，形成新的物质。这种化学反应被称为光化学反应，其产物为含剧毒的光化学烟雾。

光化学烟雾的特征是烟雾呈蓝色，具有强氧化性，能使橡胶开裂，刺激人的眼睛，伤害植物叶子，并使大气能见度降低；其刺激物浓度的高峰在中午或午后；污染区域往往在污染的下风向几十至几百千米处。

光化学烟雾的形成条件是大气中有氮氧化物和碳氢化合物存在，大气湿度较低，而且有强的阳光照射。这样在大气中就会发生一系列复杂的反应，生成一些二次污染物，如 O_3、醛、PAN、H_2O_2 等。光化学烟雾一般发生在大气湿度较低、气温为 24℃～32℃ 的夏季晴天，污染高峰出现在中午或稍后。光化学烟雾是一种循环过程，白天生成，傍晚消失。

光化学氧化剂的生成不仅包括光化学氧化过程，而且还包括一次污染物的扩散输送过程。因此，光化学氧化剂的污染不只是城市的问题，而且是区域性的污染问题。短距离传输可造成 O_3 等的最大浓度出现在污染源的下风向；中尺度传输可使 O_3 等扩展至约 100 千米的下风向；如果同大气高压系统相结合可传输几百千米。所以，一些乡村地区也有光化学烟雾污染的现象。

 关注与行动

　　预防光化学烟雾主要是控制污染源，减少碳氢化合物的排放。氮氧化物的主要来源是燃煤，近70%来自于煤炭的直接燃烧，因此控制固定源的排放尤为重要。为此应采取以下措施：

　　（1）改善能源结构。推广使用天然气和二次能源，如煤气、液化石油气、电等，加强对太阳能、风能、地热等清洁能源的利用。

　　（2）区域集中供热发展区域集中供暖供热，设立规模较大的热电厂和供热站，取缔市区矮小烟囱。

　　（3）推广燃煤电厂烟气脱氮技术。如选择性催化还原法（SCR）、非选择性催化还原法（SNCR）和吸收法。选择性催化还原法是以金属铂的氧化物作为催化剂，以氨、硫化氢和一氧化碳等作为还原剂，选择最佳脱硝反应温度，将烟气中的氮氧化物还原为 N_2。非选择性催化还原法与选择性催化还原法不同的是非选择性控制一定的反应温度，在将烟气中的氮氧化物还原为 N_2 的同时，一定量的还原剂还与烟气中的过剩氧发生反应。吸收法是利用特定的吸收剂吸收烟气中的NO。根据所使用的吸收剂，可分为碱吸收法，溶融盐吸收法和稀硝酸吸收法。

　　（4）利用化学抑制剂。使用化学抑制剂目的是消除自由基，以抑制链式反应的进行，从而控制光化学烟雾的形成。人们发现二乙基羟胺、苯胺、二苯胺、酚等对氢氧自由基有不同的抑制作用，尤其是二乙基羟胺（DEHA）对光化学烟雾有较好的抑制作用。在大气中喷洒0.05毫克/千克的二乙基羟胺，能有效抑制光化学烟雾，有利于环保。

但在使用的过程中，要注意抑制剂对人体和动植物的毒害作用，并注意防止抑制剂产生二次污染。

（5）减少机动车尾气的排放。NO 和碳氢化合物的另一个重要来源是机动车尾气的排放。当燃料在发动机汽缸里进行燃烧时，由于内燃机所用的燃料中含有碳、氢、氧之外的杂质，使得内燃机的燃烧不完全，排放的尾气中含有一定量的 CO、碳氢化合物、NO、微粒物质和臭气（甲醛、丙烯醛等）。碳氢化合物成分复杂，含有强致癌物质。因此控制机动车尾气排放对于预防光化学烟雾有很大的积极作用。

（6）植树造林。实验证明，树木在一定浓度范围内，吸收各种有毒气体，使污染的空气得以净化。因此应大力提倡植树造林，绿化环境。

相关链接：中国光化学烟雾的潜在威胁

20 世纪 90 年代之后，随着工业的迅猛发展，中国汽车油耗增高，污染控制水平较低，以致造成汽车污染日益严重。部分大城市交通干道氮氧化物（NO_x）和一氧化碳（CO）严重超过国家标准，汽车污染已成为主要的空气污染物，一些城市汽车排放浓度严重超标，已具有发生光化学烟雾的潜在危险。

上海的汽车尾气污染已跃居大气污染的首位。1996 年上海机动车的一氧化碳（CO）排放量为 38 万吨，碳氢化合物（HC）排放量为 10 万吨，氮氧化物（NO_x）排放量为 8.15 万吨，铅排放量为 123 吨。其中，中心城市大气中 86% 的一氧化碳、96% 的碳氢化合物和 56% 的氮氧化合物来自汽车尾气。2007 年末，有关专家认为，按照上海的发展趋势，如果不采取有效措施加以控制，在特定的气象条件下，光化学烟雾的事件随时都有可能发生。

广州大气污染经历了从 1986 年至 1991 年的煤烟型与机动车污染型共存阶段后，1997 年 90 万辆机动车终于使广州大气污染类型变成氧化型。汽车尾气排放的氮氧化物已从 20 世纪 80 年代后期的 64% 上升至 2007 年的 80%，一氧化碳则从 6 成增加到 9 成。正是由于汽车尾气的污染，1993 年将行驶至岗顶交叉路口的一车小学生"熏"晕、呕吐，急送医院抢救。汽车排放的尾气使连续 6 年稳坐全国"城考"前 10 名的广州市，1996 年降至全国"城考"的第 14 位。

1997 年以后的近 10 年，武汉市大气环境中的氮氧化物含量总体呈上升趋势。"八五"期间氮氧化物的浓度比"七五"期间上升 18%，1995 年日均值比 1990 年上升 60%，比 1986 年上升 70% 以上。武汉汽车拥有量增长过快，促进了氮氧化物浓度的迅速升高。针对汉口航空路 1993 年监测出氮氧化物严重超标的情况，权威人士分析，这次大气中氮氧化物等污染物含量浓度比英国伦敦发生的光化学烟雾事件时还高，如果遇到不利的天气情况，其后果将难以想象。

随着中国汽车拥有量的激增，大城市氮氧化物污染逐渐加重，发生光化学烟雾的可能性越来越大。据有关专家介绍：1997 年，中国大气污染的比例约为 5%，但到了 2007 年，一些城市的交通干道比例达到 40% 以上。尤其是北京、广州、沈阳、西安等大城市，已属于由煤烟型向综合型过渡的类型。据中国国家环境保护局《1996 年环境质量通报》，中国大城市氮氧化物污染逐渐加重。1996 年，中国污染较为严重的大城市是广州、北京、上海、鞍山、武汉、郑州、沈阳、兰州、大连、杭州等。从整体上看，氮氧化物污染突出表现在人口为 100 万以上的大城市或特大城市中。

到 2009 年为止，中国还没有发生过像美国、日本等国家那样严重的光化学烟雾事件，这是因为烟雾与气候和阳光有关，只要有充足的阳光，干燥的气候，加上汽车尾气的排放和污染，就会具备形成光化学烟雾的外部条件。在以北京、太原、上海、南京、成都为中心的重污染地区，污染指数随时都可能处在发生光化学烟雾事件的危险之中。因此，迫切需要中国有关部门采取各种有效的措施，制定严格的环保法规，加大治理汽车尾气污染的力度，避免光化学烟雾事件在我国发生和蔓延。这亦应该让汽车设计、制造、流通、使用部门引起高度重视和警觉，以保护中国的环境。

浑浊的水域

　　20 世纪 50 年代以后，全球人口急剧增长，工业发展迅速。一方面，人类对水资源的需求以惊人的速度扩大；另一方面，日益严重的水污染蚕食大量可供消费的水资源。世界水论坛提供的联合国水资源世界评估报告显示，全世界每天约有 200 吨垃圾倒进河流、湖泊和小溪，每升废水会污染 8 升淡水；所有流经亚洲城市的河流均被污染；美国 40% 的水资源流域被加工食品废料、金属、肥料和杀虫剂污染；欧洲 55 条河流中仅有 5 条的水质差强人意。

　　此外，世界卫生组织调查指出，人类疾病 80% 与水污染有关，据统计，50% 儿童的死亡是由饮用被污染的水造成的；12 亿人因饮用被污染的水而患上多种疾病；每年世界上有 2500 万名以上的儿童因饮用被污染的水而死亡；全世界因水污染引发的霍乱、痢疾和疟疾等传染病的人数超过 500 万。水质的恶化，已经给全世界敲响了警钟。

多瑙河欲哭无泪

2000 年 1 月末，瓢泼大雨袭击了罗马尼亚北部边境。暴雨冲刷着当地一座名叫乌鲁尔的金矿。随着水位越涨越高，洪水漫过了金矿里一座储存氰化物废水的水库，如猛兽一般，向下游直冲而下。

第二天黎明，这座废水大坝内的水面上白花花一片全是死鱼。更严重的是，罗马尼亚金矿氰化物泄漏，不但污染了附近的水库，10 万公升毒液通过河道流入附近的索莫什河，而后汇入匈牙利的蒂萨河。到 2 月 11 日，剧毒物质随着蒂萨河水滚滚而下，进入前南斯拉夫境内，并在两天后侵入国际性的水系多瑙河。从索莫什河到蒂萨河，从蒂萨河到多瑙河，河中的鱼儿大面积死亡，河岸两旁的动植物也难逃

平日里的多瑙河沿岸风光

此劫。由于沿河各国实施的紧急措施得力，所幸没有人员中毒。匈牙利等国深受其害，国民经济和人民生活都遭受一定的影响，严重破坏了多瑙河流域的生态环境，并引发了国际诉讼。这起炼矿场氰化物废水泄漏事故，也演变成为一起国际性的污染事件，美丽的多瑙河成了死亡之河。

这起特大环境污染事故的责任者——罗马尼亚"乌鲁尔金矿"是一家国际合作企业，其一半属于罗马尼亚，另一半属于澳大利亚的埃斯姆拉达有限公司。事故发生后，这家公司并不想为这起环境灾难负责，并公然在澳大利亚珀斯总部发表声明说"目前没有证据说明，我们公司的废水泄漏是造成鱼类大量死亡的直接原因"。此举遭到了各国政府和民众的强烈抗议。

 全球的焦虑

这起造成重大影响的多瑙河被重金属污染事件，并不仅仅只是个例。随着全球工业化进程的不断加快，此类事件在各国不断上演，造成的危害程度也不断加深。

日本的水俣病事件

1950 年，在日本水俣湾附近的小渔村中，发现大批精神失常而自杀的猫和狗。1953 年，水俣镇发现了一个怪病人，开始时步态不稳，面部呆痴，进而是耳聋眼瞎，全身麻木，最后精神失常，一会儿酣睡，一会儿兴奋异常，身体弯弓，高叫而死。1956 年又有同样病症的女孩住院，引起当地熊本大学医院专家注意，开始调查研究。最后发现原来是当地一个化肥厂在生产氯乙烯和醋酸乙烯时，采用成本低的汞催化剂工艺，把大量含有有机汞的废水排入水俣湾，使鱼中毒，人和猫、狗吃了毒鱼生病而死。1972年日本环境厅公布：水俣湾和新县阿贺野川下游有汞中毒者283人，其中60人死亡。

母亲在给水俣病的孩子擦洗身体

痛痛病事件

1955~1972年，在日本富山县神通川流域两岸出现了一种怪病，患者中妇女比男士多，患上此病，则全身骨骼疼痛，不能行走，故取名为"痛痛病"。经调查，这是一种镉中毒事件，起因是附近的电镀厂、蓄电池制造厂及熔接工厂或因采矿工业含镉之废水未经适当处理而径行排水，污染了神通川水体，两岸居民利用河水灌溉农田，使稻米和饮用水含镉而中毒，1963年~1979年3月共有患者130人，其中81人死亡。

● 绿色追问——水体重金属污染 ●

有毒重金属对水资源的污染正在逐渐成为全世界面临的一个问

题。重金属通过矿山开采、金属冶炼、金属加工及化工生产废水、化石燃料的燃烧、施用农药化肥和生活垃圾等人为污染源，以及地质侵蚀、风化等天然源形式进入水体，加之重金属具有毒性大，在环境中不易被代谢，易被生物富集并有生物放大效应等特点，不但污染水环境，也严重威胁人类和水生生物的生存。

重金属不能被生物降解，相反却能在食物链的生物放大作用下，成百千倍地富集，最后进入人体。重金属在人体内能和蛋白质及酶等发生强烈的相互作用，使它们失去活性，也可能在人体的某些器官中累积，造成慢性中毒。镉、铅、铬、砷和汞是与人类中毒相关的重金属。被镉污染的水、食物，人饮食后，会造成肾、骨骼病变，摄入硫酸镉20毫克，就会造成死亡。铅造成的中毒，引起贫血，神经错乱。六价铬有很大毒性，引起皮肤溃疡，还有致癌作用。饮用含砷的水，会发生急性或慢性中毒。砷能使许多酶受到抑制或失去活性，造成机体代谢障碍，皮肤角质化，引发皮肤癌。汞的化合物能溶于水，并通过皮肤吸收和通过食物链进入人体，主要集中在肝、肾、脾及骨骼中，它的毒性是积累性的。汞中毒病状感觉疲乏、头晕、易怒，随后发生颤抖、手脚麻痹，吞咽困难、耳聋、视力模糊、肌肉运动失调，进一步发展到出现情绪紊乱、神经中枢失调，语言不清，最后昏迷致死。有机磷农药会造成神经中毒，有机氯农药会在脂肪中蓄积，对人和动物的内分泌、免疫功能、生殖机能均造成危害。稠环芳烃多数具有致癌作用。氰化物也是剧毒物质，进入血液后，与细胞的色素氧化酶结合，使呼吸中断，造成呼吸衰竭窒息死亡。

 关注与行动

重金属污染对于环境和人类造成的危害已越来越多地为人们所熟知，随着全球可持续发展战略的进一步实施，对重金属废水的处理要求也将日益严格。重金属废水是一个十分复杂的混合体系，用单处理技术处理已经很难达到处理要求。

水体重金属污染治理包括外源控制和内源控制两方面。外源控制主要是对采矿、电镀、金属熔炼，化工生产等排放的含重金属的废水，废渣进行处理，并限制其排放量。内源控制则是对受到污染的水体进行修复。

重金属多为非降解型有毒物质，不具备自然净化能力，一旦进入环境就很难从环境中去除。目前重金属污染的治理方法以物理化学方法为主，生物修复技术作为一种更经济、更高效、更环保的治理技术也受到广泛关注。随着生物技术的发展，生物修复技术的可行性和有效性将逐渐加强，在治理和防治重金属污染方面将发挥更大作用，前景十分广阔。

重金属废水处理技术主要可以朝着以下几个方面发展：

（1）加强微生物和植物去除金属的机理研究在现有研究的基础上，着重通过现代分析技术研究金属离子在细胞内外的沉积部位和状态、金属与细菌中的特定官能团以及植物中的螯合物结合的方式以及官能团结构和特性，并结合材料学、分子生物学、基因工程学等学科，开发出更加高效的微生物菌种，筛选出重金属超累积植物。

（2）对物理处理新技术、生物处理新技术和计算机辅助应用技术的开发和应用。

（3）注重对环境无影响和无毒无害新型水处理药剂的开发和利用。

（4）重点加强现有重金属处理技术的综合应用，形成各种组合工艺，扬长避短。

（5）高效、低耗地去除废水中重金属离子的同时，实现废水回用和重金属回收。

另外，我们应该充分利用自然界中的微生物与植物的协同净化作用，并辅之以物理或化学方法，寻找净化重金属的有效途径。对重金属的污染源头进行严格的控制和监督，利用物理和化学的办法处理好源头的含较高浓度的重金属废水，不让高含量的重金属废水进入城市排水管网。这样可以减少治理成本，又减轻了二级污水处理厂的处理难度，取得较好的经济效益和环境效益。在已建成的环境治理项目中，可以考虑进行对重金属处理的改进和改造以达到对相应重金属的处理，而在有必要进行重金属处理的未建成环境治理项目，应该在立项时即考虑对重金属的去除，以达到更好的治理污染、修复环境的目的。

相关链接：我国水体重金属污染现状及危害

我国水体重金属污染问题十分突出，江河湖库底质的污染率高达 80.1%。2003 年黄河、淮河、松花江、辽河等十大流域的流域片重金属超标断面的污染程度均为超 V 类。2004 年太湖底泥中总铜、总铅、总镉含量均处于轻度污染水平。黄浦江干流表层沉积物中镉超背景值 2 倍，铅超 1 倍，汞含量明显增加；苏州河中铅全部超标，

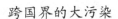

镉为 75% 超标，汞为 62.5% 超标。城市河流有 35.11% 的河段出现总汞超过地表水Ⅲ类水体标准，18.46% 的河段面总镉超过Ⅲ类水体标准，25% 的河段有总铅的超标样本出现。葫芦岛市乌金塘水库钼污染问题严重，钼浓度最高超标准值 13.7 倍。由长江、珠江、黄河等河流携带入海的重金属污染物总量约为 3.4 万吨，对海洋水体的污染危害巨大。全国近岸海域海水采样品中铅的超标率达 62.9%，最大值超一类海水标准 49 倍；铜的超标率为 25.9%，汞和镉的含量也有超标现象。大连湾 60% 测站沉积物的镉含量超标，锦州湾部分测站排污口邻近海域沉积物锌、镉、铅的含量超过第三类海洋沉积物质量标准。

延伸阅读：废电池对水体的污染

1939 年 11 月 9 日，日本神奈川县某脑科医院收留了一名神志不清的男子。这名男子发病初起时只是原因不明地面部浮肿，3 天后浮肿蔓延至脚部，第 8 天开始现力减退，自言自语，不断哭泣，后发展为神志不清，人们都认为他"疯了"。这名男子被送进医院后，终于在极度痛苦中，因心力衰竭死亡。无独有偶，此后，与死者同村居住的人中又接二连三地出现了 15 名同样症状的"疯子"。这不得不引起了医学研究人员的注意。经过神奈川县卫生研究所的调查和尸体解剖，断定这些"疯子"都死于重金属中毒。

事发后，日本有关部门对这一事件进行了详细的调查，发现死者生前都饮用了某商店周围 3 口水井的水。其中饮用 1 号水井的 8 个人全部发病。在对水井进行调查时，令人震惊的是竟然在距 1 号井 5 米内的地方挖出了380节已腐烂的废电池！追根溯源，最后弄清这380节废电池是该商店在卖出新电池后，把顾客丢下的废电池集中埋在了后院，致使周围井水污染，从而导致了这场悲剧。

一节废电池扔到田里，就可以使一平方米的土地寸草不生。据了解，我国生产的电池有96%为锌锰电池和碱锰电池，其主要成分为锰、汞、锌、铬等重金属。这些电池的组成物质在电池使用过程中，被封存在电池壳内部，并不会对环境造成影响。但经过长期机械磨损和腐蚀，使得内部的重金属和酸碱等泄露出来，进入土壤或水源，就会通过各种途径进入人的食物链，逐级在较高级的生物中成千上万地富积，然后经过食物进入人的身体，在某些器官中积蓄造成慢性中毒。

废旧电池将造成大量污染

国外发达国家对废电池的回收与利用极为重视。西欧许多国家不仅在商店，而且直接在大街上都设有专门的废电池回收箱，废电池中95%的物质均可以回收，尤其是重金属回收价值很高。如国外再生铅业发展迅速，现有铅生产量的55%均来自于再生铅。而再生

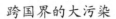

铅业中，废铅蓄电池的再生处理占据了很大比例。100 千克废铅蓄电池可以回收 50～60 千克铅。对于含镉废电池的再生处理，国外已有较为成熟的技术，处理 100 千克含镉废电池可回收 20 千克左右的金属镉。对于含汞电池则主要采用环境无害化处理手段防止其污染环境。

我国目前在废电池的环境管理方面相当薄弱。按照《巴塞尔公约》中关于危险废物的控制规定，许多种类的废电池如铅酸电池、含汞电池、镉镍电池等属于危险废物，应该按照危险废物来管理，但是目前在我国，对于任何种类的废电池都没有按照危险废物来管理，而是当作普通垃圾来对待。此外，对于废电池的回收、处理，国家也没有制定具体的政策和法规。但是现在，人们的环保意识有了很大提高，比如北京、上海等城市已经安置了废电池投放专用桶。很多环保人士在回收废旧电池方面也做出了自己的努力。

洗 "石油浴" 的海鸟

1999 年 12 月 12 日，满载 20000 吨重油的 "埃里卡" 号油船在布列斯特港以南 70 千米处海域沉没，造成大量石油泄漏，严重污染了附近海域及沿岸一带。为尽快扼制石油污染的进一步蔓延，数千名法国志愿者和部队士兵昼夜奋战在受污染区。但由于前段时间飓风 "科罗拉" 肆虐，致使形势恶化，污染开始大面积向近临陆地泛滥，严重破坏了鸟类的生存环境。

"埃里卡" 号油轮即将沉没时的情景

这次油船泄漏事故恰发生在海鸥、海鸽、鸬鹚、鹭等海鸟向受污染海迁徙以躲避冬季强冷风的季节，因此受污染海鸟数量之众，令人瞠目。有些人估计，因污染而死亡的海鸟数目可能最终会超过 30 万。

法国护鸟协会（LPO）说，仅在菲尔斯泰尔省和拉罗谢尔地区，他们就已收集了 2.3 万只海鸟的尸体。另外又发现了 1.2 万只受污染但尚未死去的海鸟。这些海鸟被送到了鸟类治疗中心接受治疗，但其中有1/3仍未幸免。该协会认为，他们发现的死海鸟还只是这次受污染海鸟群体的一小部分，绝大多数海鸟已悄无声息地消失了。

在油污中挣扎的海鸟

16岁的志愿者安妮·索菲在参加救鸟活动后表示，"这一切太令人伤心了，它们只想梳理自己的羽毛，然而却因吞下了油污而遭遇灭顶之灾，如果我们不尽快采取行动，这些受污染的海鸟将会很快悲惨地死去。"

 全球的焦虑

本应该是湛蓝深邃的大海，却不时被油污打破洁净。一次又一次的油轮泄漏事故，让大海的涛声里涌动着叹息和无奈。

1967年3月18日，12.3万吨的利比亚籍油轮"托雷·坎尼荣"号满载着11.7万吨的原油从波斯湾的科威特出发，向英国威尔士的米尔福德港驶去。途经英国的锡利群岛和地角之间的公海时，在七石礁处触礁沉没，船上9.19万吨原油溢出，污染了180千米长的海区，造成 5000 多只海鸟死亡。

1978 年的"阿莫可"号油轮沉没事件是欧洲最严重的漏油灾难，当时大约有 23 万吨燃油泄漏到了海上。

1979 年 6 月 3 日，墨西哥湾"克斯托克"1 号探测油井发生井涌，约 1.4 亿加仑（1 加仑≈3.78 升）原油泄漏入海。

1989 年 3 月 24 日，"埃克逊－瓦尔德兹"号在威廉王子岛海岸搁浅，原油泄漏量达 1100 万加仑。

1992 年 12 月 3 日，希腊油轮"爱琴海"号在西班牙西北海岸搁浅，2000 多万加仑原油泄漏。

1993 年 6 月 5 日，"布里尔"号搁浅在苏格兰东北的设特兰群岛海域，泄漏了 2600 万加仑石油。

1996 年 2 月 15 日，"海洋女王"号在威尔士海岸搁浅，1800 万加仑原油泄漏。

2001 年 3 月，在马绍尔群岛注册的"波罗的海"号油轮在丹麦东南部海域与一艘货轮相撞，泄漏原油约 2700 吨。这起事故发生在丹麦的一个海鸟自然保护区。

2001 年 10 月，在巴拿马注册的"纳土纳海"号油轮在新加坡海峡的印尼海域搁浅，部分油舱受损，造成 7000 吨原油泄漏。

● 绿色追问——海洋石油污染 ●

石油及其产品在开采、炼制、贮运和使用过程中进入海洋环境，往往造成严重的污染。除了上文提到的油轮泄油事故之外，油品入海途径还包括：炼油厂含油废水经河流或直接注入海洋；海底油田在开采过程中的溢漏及井喷，使石油进入海洋水体；大气中的低分子石油烃沉降到海洋水域；海洋底层局部自然泄油。

被石油污染的海面

石油对海洋环境造成严重的影响和危害有以下方面：

（1）对环境的污染。海面的油膜阻碍大气与海水的物质交换，影响海面对电磁辐射的吸收、传递和反射；两极地区海域冰面上的油膜，能增加对太阳能的吸收而加速冰层的融化，使海平面上升，并影响全球气候；海面及海水中的石油烃能溶解部分卤代烃等污染物，降低界面间的物质迁移转化率；破坏海滨风景区和海滨浴场。

（2）对生物的危害。油膜使透入海水的太阳辐射减弱，从而影响海洋植物的光合作用；污染海兽的皮毛和海鸟的羽毛，溶解其中的油脂，使它们丧失保温、游泳或飞行的能力；干扰生物的摄食、繁殖、生长、行为和生物的趋化性等能力；使受污染海域个别生物种的丰度和分布发生变化，从而改变生物群落的种类组成；高浓度石油会降低微型藻类的固氮能力，阻碍其生长甚至导致其死亡；沉降于潮间带和浅海海底的石油，使一些动物幼虫、海藻孢子失去适宜的固着基质或降低固着能力；石油能渗入较高级的大米草和红树等植物体内，改变细胞的渗透性，甚至使其死亡；毒害海洋生物。

（3）对水产业的影响。油污会改变某些鱼类的洄游路线；玷污渔网、养殖器材和渔获物；受污染的鱼、贝等海产品难以销售或不能食用。

海洋石油天然气作业，运输引起的泄油污染及其对海洋生态环境的损害已经引起世界范围内公众舆论到各国政府从未有过的重视。1976 年到 1981 年全球运输原油及石油产品总共超过 100 亿吨，20 万吨以上的大型油轮也从几十艘增至 344 艘。泄油污染事故的发生也上升到 200 多起，平均每运输 500 万吨原油及石油产品即发生一起泄油事故。全球每年由海洋石油天然气作业，运输事故引起的海洋泄油量在 6 万和 10 万吨之间，发生频率或泄油量还在逐年增加。

 关注与行动

从 1950 年的《国际海洋公约》到 1995 年的国际海洋防污协定以及相关条例的制订体现了全人类对海洋生态环境遭泄油损害的关切。海洋石油环保专业团体、民间团体和传媒在政府和石油天然气工业界在环境问题上的对决中扮演了相当重要的角色。民间团体对环境问题的关切，通过传媒使政府出台各类法案法例加以约束。石油天然气工业界则不断调整态度去适应。

这里以北海、墨西哥湾的海洋环保为例。1935 年英属哥伦比亚发生的泄油污染殃及美国，到两次在墨西哥湾发生的大规模泄油，以及 1989 年发生的"埃克逊－瓦尔德兹"号泄油事故和英吉利海峡大面积泄油祸及周边各国，引起民众的强烈反弹。在舆论和民间团体的强大压力下，发达国家政府不得不对石油工业和船舶运输工业转移这种压

力，立法加以约束。

民间团体始终是海洋环保前线的主力军。民间团体的一举一动，加之通过传媒的报导，形成不容忽视的力量。在北海，民间团体的排浪般的抗议，以及绿色和平组织在海上的围堵，迫使壳牌不得不取消将油罐拖至大西洋清洗的计划。

民间团体在海洋环保上所发挥的重要作用令英美等发达国家政府不得不另眼看待，也使跨国公司在对待海洋环保问题上不得不有所顾忌。虽然民间团体在海洋环保上坚持常使政府陷于尴尬和颜面扫地，但是更多的是客观上帮助了政府的执法机构，使政府在海洋环保事务的主导地位获得广泛的民意支持和更为灵活的空间。其实允许民间团体在海洋环保上有自己的声音是提高海洋环境门槛的重要一环，也是提高国民对环境问题认知度的根本。

清理油污的志愿者

海洋石油环保专业团体的角色和作用值得一提。在北海，海洋石油环保专业团体除提供泄油应急服务外，其70%的工作与防范有关。由于与执法机构密切沟通，定期就重大题目进行交流，所提供的咨询服务，开发出的各种环保分析模型，是各项环保法例的最好解读。由于其雇员大都具有海洋石油天然气工业的经验和专业知识，所发挥的沟通与桥梁功能，促成执法机构与作业者在海洋环保问题上达到双赢的局面。

海洋石油环保专业团体的另一重要作用是提供有关泄油防范和清理的培训。在墨西哥湾和北海作业的所有公司都有自己的泄油防范和清理的准备，也有自己的标准。虽然这些标准大都是在《国际海洋公约》和《国际海洋防污协定》以及相关条例的框架下制定的，应该说是大同小异。但不能排除与执法机构所要求的标准有一定差距的情况，另外海洋环保法例也在不断更新，对这些作业公司来说，接受泄油防范和清理的培训是必要的。对于海洋石油环保专业团体而言，这种培训使他们对这些作业公司的泄油防范能力有更实际的了解，将来为他们提供泄油应急服务更心中有数。

国外石油泄漏处理体制

目前，针对海上石油泄漏事故，很多国家都建立起相对完善的石油泄漏应变处理体制。

美国石油泄漏处理体制

1. 对石油泄漏事故的应变体制

联邦现场协调部、州现场协调部和泄油事故责任单位三者是处理事故的决策机构（最终决定权在联邦现场协调部），下设计划、作业、物资调配、财务四个部门。联邦现场协调部可以接受其他政府机关的援助。

1990 年美国油污染要求潜在的污染者也要对泄油事故有应变准备，经营者必须设想油轮、驳船发生泄漏，并与特定的石油处理机构签订最坏情况下的处理协议。这些潜在污染者的每艘船都要有对应变措施具有支付能力的证明，每船须制订应变计划并得到认可。

2. 石油扩散剂的使用

阿拉斯加是1989年美国少数几个事先同意使用石油扩散剂的州之一，但其必要条件是要得到联邦现场协调部的事先认可。海岸警卫队的现场指挥官为了让州行政当局和民间有关团体了解石油扩散剂的有效性而进行了试验。

此时正值确认扩散剂对环境保护有效的国家研究委员会研究报告出台。报告认为，如使用扩散剂，石油向海水扩散、流至外洋，就会无害。

"埃克逊-瓦尔德兹"号泄油事故后，美国对扩散剂的态度有所改变。到1997年底，美国沿海各州几乎都对扩散剂的使用采取事先认可态度，现场指挥官可在未经有关团体了解的情况下认可使用扩散剂。

有时，扩散剂成为唯一的实际手段。扩散剂可以在空中撒布，这比在海上掠行艇上撒布的范围要大10~40倍，泄漏场所远离陆地时也有效。

3. 海岸线清理技术的革新

"埃克逊-瓦尔德兹"号事故后，为了清除漂浮在威廉王子湾及阿拉斯加湾的石油，高峰时动用了11000名以上人员，调查了6000千米海岸线。威廉王子湾外的石油呈现轻质泡沫状和沥青球状，可以使用铁锹、水桶等作手工清除，但威廉王子湾内的石油黏附牢固，必须用水清洗。结果在清理的2400千米海岸线中，污染严重的400千米用水或温水清洗，洗落至威廉王子湾的石油，用石油围栏围住，再利用掠行艇清除。

此外，还应用了生物改造技术。就是利用具有使石油老化的性质的细菌，加速石油的自然老化。这一技术于 1989 年使用于 120 千米海岸线并取得成效。

英国石油泄漏处理体制

1．对石油泄漏事故的应变体制

英国政府通过运输部海岸警备队的海洋污染对策部队，对船舶泄漏石油和其他危险品的防治工作进行管理。海洋污染对策部队的职能是制订处理国家偶发事故的应变计划，监测在英国海域发生的泄漏事件，指挥应变作业，回收和转移海上石油，掌握现场状况，预测泄漏石油的性质和变化，预防事故，援助地方自治体和港口当局等。

沿海地方自治体负责处理沿海地区的污染，港口当局负责处理港口的污染。自治体的体制不足应付时，海洋污染对策部队根据自治体的要求，研究是否有设置联合防治中心的必要性。

联合防治中心由管理、技术和调配小组，宣传报道小组，环境小组，资金调配小组等组成，人员由海洋污染对策部队和自治体派遣。

2．"海上女皇"号事故后的应变作业

1996 年 2 月 24 ~ 29 日，清除了能接近场所的大部分石油团块。高峰时，联合防治中心动员了 900 人，用手工作业回收海岸线的石油。

回收的石油废弃物有液体 2 万吨以上、固体 1.2 万吨以上。液体状废弃物由炼油厂烧毁，固体废弃物运至 100 英里（1 英里 ≈ 1.609 千米）外掩埋；7000 吨以上的含油砂运至德士古石油公司。这是使废弃物在受控土地上通过细菌作用变成无害化的处理方法。

清除石油之后的工作是恢复海岸线的景观。一般的地方和面向外洋的入海口靠自然作用去清理。

3. 石油扩散剂的使用

"海上女皇"号流出的 7.2 万吨原油的去向，估计蒸发 40%，海上回收 2%，海岸回收 2%，残留在海岸线 5%，扩散 51%。从空中撒下了 446 吨扩散剂，流出石油中的 37% 是在扩散剂作用下扩散的。海上的石油由渔船用石油围栏回收后再用其他船只运输，费用多效果又差。扩散剂有将油、水混杂的乳状化石油分解成石油和水的作用。使用扩散剂后，污染绍斯韦尔海岸线的乳状液限于 10000~15000 吨，如不用扩散剂，将达 72000~120000 吨。

泄漏 48 小时后，扩散剂就对乳化石油不起作用。因此，扩散剂的撒布要早。海洋污染对策部队做好了在 48 小时之内从空中撒布扩散剂来处理 14000 吨石油的准备。

扩散剂的使用必须在考虑生态系统、气象和海况等条件后作出决定。泄漏石油对生态系统的影响是暂时的，大多会随时间推延而消失。海洋污染对策部队与其他机关一起研究石油是否损害生态系统，如认为无影响，则让石油自然扩散。

从空中撒布扩散剂前，应确认泄漏的石油颗粒是否随风飞扬。风浪很大时，石油仅凭风浪作用就会扩散。

挪威石油泄漏处理体制

1. 对石油泄漏事故的应变体制

根据污染控制条例，可能造成重大石油污染事故的企业和海上石油、燃气生产公司，必须制订防止、清除和降低污染的应变计划。为此，油气行业成立了挪威海洋保护协会。该协会负责保管泄油处理器材，设置了五处应变人员待命场所。各油田也制定了应变计划，以对付钻机采油的小规模泄漏，并作为大规模泄漏时的第一道防线。陆上的石油码头、油罐库、炼油厂、化工厂等，都分别订有应变计划。污染控制条例规定，地方自治体必须制订对其管辖区内发生的、企业应变计划无法应付的污染的应变计划。

此外，对于地方自治体也无法应付的大规模污染，由国家制订应变计划。负责部门为环境部污染对策厅。国家的石油泄漏应变体系包括总部与两个分部、海岸沿线 15 个器材保管所、5 艘船、与船上配备石油回收装置的海岸警备队之间的合同，监测用飞机 1 架，以及国际援助公约等。

2. 挪威的石油泄漏事故

挪威的近海事故是 1992 年装有 14 万吨铁矿砂的 Arisan 号散货船触礁，泄漏燃油 150 吨。

国家的应变方针是，石油回收基本上采用器材回收，化学方法作为辅助手段。指挥机构是 1972 年成立的污染控制局。

在暴风雨的情况下，首先使用直升机卸去残留在船上的 520 吨燃油，然后用掠行艇承担海上回收作业，最后进行海岸线油污的回收工作。

相关链接：芬兰开发出一套针对海鸟油污的快速清理系统

海鸟的羽毛可防水，但具有亲油性，一旦沾满油污，其结构会被破坏，导致海鸟失去飞行能力。2008 年，芬兰研究人员开发出一套能对沾满油污的海鸟进行快速清理的系统，可大大提高被石油污染的海鸟的存活率。

该系统由检查室、清洗室和干燥室三部分组成。首先，操作员在检查室里对被污染的海鸟进行分类，根据被污染的程度排列处理次序。然后，操作员对沾满油污的海鸟逐一进行清洗和干燥。该系统每天能清理 150 只被污染的海鸟。这套系统便于运输和组装，能在石油泄漏事故现场对海鸟进行及时快速处理。

奥运的帆船没来，浒苔先来了

2008 年北京奥运会前夕，作为帆船项目举办城市的青岛正在为迎接世界各国运动员和观众做着紧张的准备。湛蓝的海水与蓝天白云相呼应，显示着这个滨海城市的魅力。但是谁也没想到，6 月下旬，大面积"绿色"海洋植物——浒苔猝不及防地袭击了青岛广阔的蓝色海面。奥帆赛警戒水域面积共 49.48 平方千米，有浒苔面积为 15.86 平方千米，占总面积的 32.04%。

大面积的浒苔对奥帆赛赛前训练和景观造成的不利影响是显而易见的。浒苔到来之际，已经有几十个国家的运动员驻扎青岛进行赛前训练，大面积的浒苔已经影响到运动员的正常训练。

面对如此严重的形势，青岛市除派出上千艘渔船在远海进行阻拦，在近海设置阻拦网，已紧急动员，号召全市打捞浒苔。政府许多部门每个办公室只留一人处理工作，其他人员已全部投入到打捞浒苔的工作。企业、部队、志愿者和许多市民也自觉投入到此项工作中。

海水污染并营养化，导致了浒苔泛滥，浒苔能够吸收海水里的营养物质，把超标的微小物质变成绿色的植物形态，起到了净化海水的作用，泛滥的浒苔就是大海的抗议。

事后，一位参加清除浒苔工作的志愿者曾在网上发表如下思考："（此次浒苔事件）最主要的原因还应归结到化肥的超量使用上。我们都知道氮肥的使用率仅为 30% 左右，而磷肥的利用率只有 15% 左右。

海岸上的浒苔

其余全部随着降水、灌溉，流入地下水、河流、湖泊，最后入海。造成水体的富营养化。山东一家中俄合资的肥料厂，每年在山东一个县的销售量是 5000 吨，而一个县销售的肥料品种有近百家之多。这是一个什么样的数字……今天是绿藻的肆虐繁殖，明天又会发生什么呢？"

 全球的焦虑

美国和瑞典海洋学家的一项共同研究表明，在过去 50 年里，由于海水富营养化而导致海洋生物无法生存，"死海"的面积正明显扩大，自 20 世纪 60 年代以来，全球海洋中"死海"区域的数量正以每 10 年增加近 1 倍的速度增加。目前，墨西哥湾、波罗的海、瑞典和丹麦间的卡特加特海峡和黑海等海域均出现了"死海"，最大的"死海"位于美国密西西比河入海口水域，面积约 2.2 万平方千米。而全球已有 400 多个近海海域出现这种"死海"，其总面积约为 24.6 万平方千米。

海洋是人类最大的公有领域，它以浩渺和深邃不断净化着自身。然而它的自净能力是有限的，赤潮无疑在向人类示警：如果人类无止境地向大海排污弃浊，向它的广袤挑衅，最终失去的将是大海的壮丽，得到的是生命的毁灭。

● 绿色追问——水的富营养化 ●

在人类活动的影响下，生物所需的氮、磷等营养物质大量进入湖泊、河口、海湾等流水体中，引起藻类及其他浮游生物迅速繁殖，水体溶解氧量下降，水质恶化，鱼类及其他生物大量死亡。这种现象称为富营养化。水体出现富营养化时，浮游生物大量繁殖，因占优势的浮游生物的颜色不同，水面往往呈现蓝色、红色、棕色、乳白色等。这种现象在江河湖泊中称为"水华"，在海中则叫做"赤潮"。

赤潮

引起赤潮的浮游生物约有 100 多种，主要有夜光虫、裸甲藻、飞燕角甲藻、角毛硅藻、根管藻、盒形藻、小定鞭金藻、束毛藻等。其中甲藻类是最常见的赤潮生物。在海洋中一旦发生赤潮，会给海洋环境乃至人们生活形成严重的危害。高度密集的赤潮生物，可能堵塞鱼、贝类的呼吸器官，造成鱼、贝类窒息死亡。有些赤潮生物能分泌毒素和其他有害物体，毒害和杀死海洋中的动植物。赤潮生物的残骸在海水中氧化分解，消耗了海水中的溶解氧，从而造成缺氧环境，威胁其他海洋生物的生存。当人们食用了积聚了赤潮毒素的海产品，例如蛤类，会造成食物中毒，严重的会死亡。

关注与行动

对于赤潮的起因，从现在人们的研究成果看，认为赤潮与海洋污染有密切的关系。携带各种有机物和无机营养盐的城市生活污染和工业废水大量排放入海，导致海区富营养化，是引发赤潮的基本原因。在目前，赤潮一旦发生，要清除是十分困难的。而防范赤潮的最好办法是切实控制沿海工业和生活污水的任意排入，特别是要控制氮、磷和其他有机物的排放量，以避免海区的富营养化，以预防赤潮的发生。其次要合理开发海水养殖业。在某些沿海地区，片面追求高产、高效益，增加养殖密度，实行多投饵、多产出的不合理养殖方式，使养殖水体中剩余饵料大大增加。饵料中含有的大量营养物质在水中溶解，以养殖废水的形式排入海水中。另外，养殖鱼、虾、贝类的排泄物中含有大量溶解性营养物质，如氨、尿素等，也以养殖废水的形式排入周围水体，易造成赤潮爆发。

科学家经过研究还发现，全球变暖趋势也加速了水的富营养化的扩张。全球变暖造成一些地区降雨模式异常，不仅影响了海水水体交换，同时也使土壤中更多的化肥流入大海。对于富营养化的水域治理一般要经过数年时间，且只有约4%的被治理海域会收到效果，但效果也十分有限。因此，避免排污仍是减少"死海"的根本途径。最彻底的办法还是控制污染源，改变经济增长方式，改变产业结构方式。

与消灭这些藻类相比，恢复遭到破坏的周边生态将显得更为困难。这是一项复杂的系统的工作，因此加强环境预警，将赤潮爆发消灭在发生之前，就显得尤为重要。如果每一个人都能养成环保的生活习惯，就可以将赤潮的发生几率减少40%。在日常生活中，我们每一个人都应该做到不使用含磷洗衣粉，不将洗衣机排水接入阳台排水系统，不将剩饭剩菜、食物油污冲入下水道，而要将这些厨余作为生活垃圾分类处理。不要小看了这些细微的地方，它们对减少水体富营养化、减少赤潮（水华）的爆发意义重大。

相关链接：国外蓝藻治理的经验

案例一：1947年，美国佛罗里达州阿波普卡湖（Apopka）首次发生蓝藻水华。1967年，佛罗里达州政府成立技术委员会评估阿波普卡湖的生态恢复问题，形成的治理方案由于经费问题（2000万美元）搁浅。20世纪70年代末和80年代初，阿波普卡湖附近的柑橘加工厂和污水处理厂先后停止排污入湖。1985年到1987年间，佛罗里达州通过了阿波普卡湖法案和地表水改善的管理法案，开始湖泊整治工作。

案例二：20世纪70年代，日本第二大湖霞浦湖的水质污染达到最高峰，蓝藻暴发，当地政府于1984年通过了《湖泊水质保护特别措施法》，开始治理。其水质保护计划从1986年开始，经过30年治理，到现在已经是第五期。这个计划先后投资约合人民币1300多亿元，目前投资仍在增加。目前，霞浦湖总氮含量下降较为明显，恢复到相当于我国四类水体的水平。

案例三：1950年，位于瑞士、德国和奥地利交界处的康斯坦茨湖生态环境开始恶化，至1970年，康斯坦茨湖生态环境极度恶化。当地政府制定了一系列湖泊管理法律法规，成立湖泊管理机构进行管理。至21世纪初，康斯坦茨湖恢复到了1930年，即湖泊生态恶化前水平。

霍乱之疾与不洁的水

2008 年 8 月，非洲津巴布韦爆发霍乱疫情，以蔓延全国之势使感染人数达 6 万余例，造成数千人死亡。首都哈拉雷和南部城市拜特布里奇是重灾区。大批患者得不到及时医治，只能听天由命。而没有清洁的饮水，垃圾不能回收处理，蚊子苍蝇滋生，导致疫情难以控制。

霍乱的传播途径比较复杂，主要是借助被污染的水、食品和苍蝇等传播，病重患者的吐泻物含菌量甚多，这对疾病的传播起重要作用。提高全民的卫生健康水平，清除垃圾和污染物，消灭蚊蝇滋生的场地，保持环境干净，吃熟食品，喝干净水等是有效控制霍乱最基本的方法。

在津巴布韦疫区，救援机构提供基本的医疗卫生服务、营养品和尽可能多的安全饮用水，以提高卫生水平，但需要量太大，不能满足。当地有钱人喝矿泉水，而穷人只能喝不干净的水。令人担忧的是，疫情继续蔓延，已传到其邻国莫桑比克、赞比亚和博茨瓦纳。南非有数百人感染，其中 6 例死亡。疫情的严峻演变成多国区域性疫情，引起了普遍关注。

 ## 全球的焦虑

2009 年世界卫生组织公布的一份报告估计，人类 1/10 的疾病是由水质问题引起的。此项报告称，水质问题对贫困国家影响尤为严重。

在发达国家，水质问题造成死亡的情况不到1%，而在发展中国家则为8%，最严重的是安哥拉，其比例是24%。疟疾、登革热和腹泻等疾病都能够通过水源传播。饮水不安全问题主要受害群体是儿童。不安全水源造成了14岁以下儿童因饮用不干净水而致病的比例为22%。因此导致的死亡率为25%。

● 绿色追问——水体生物污染 ●

　　水体生物污染，是致病微生物、寄生虫和某些昆虫等生物进入水体，使水质恶化，直接或间接危害人类健康或影响渔业生产的现象。

　　污染水体的生物种类繁多，主要有细菌、钩端螺旋体、病毒、寄生虫和昆虫等。在自然界清洁水中，1毫升水中的细菌总数在100万个以上，而受到严重污染的水体可达100万个以上。受污染水体中的不同生物对人类可产生不同的危害作用。

细菌

　　在自然界清洁水体中，1毫升水中的细菌总数在100个以下，而受到严重污染的水体可达100万个以上。污染水体的细菌，主要是肠道细菌（大肠菌群、粪链球菌、梭状芽孢杆菌等）和病原菌。比较起来，病原菌的危害性更大。污染水体的病原菌主要有：

　　（1）沙门氏菌属：沙门氏菌（Salmonella）病患者的粪便、畜栏粪污和屠宰场污水都含有沙门氏菌。水产养殖场受污染后，在水产品中也可检出沙门氏菌。在临床上除伤寒和副伤寒分别由伤寒沙门氏菌和副伤寒沙门氏菌引起外，急性胃肠炎、腹泻与腹痛等病症也是由其他一些沙门氏菌引起的。细菌性食物中毒通常也是由沙门氏菌属细菌引起的。

（2）志贺氏菌属：一般只存在于菌痢患者和短时带菌者的粪便中，有时在污水中捕得的鱼体内也可检出，但在家畜的粪便中一般很少发现。志贺氏菌病主要通过食物或接触传染，如饮用水源受到污染，可引起水型痢疾暴发流行。引起痢疾的志贺氏菌主要是弗氏志贺氏菌（Shiellaflexneri）和宋内氏志贺氏菌（Sh. sonnei），此外，还有痢疾志贺氏菌（Sh. dsenteriae）和鲍氏志贺氏菌（Sh. bodii）。

（3）霍乱弧菌和 El-Tor 弧菌：可引起霍乱和副霍乱疾病，这是通过饮水传播的一种烈性传染病。

（4）致病性大肠杆菌：粪便中存在的某些血清型大肠杆菌可引起水泻、呕吐等症状，这种大肠杆菌通称为致病性大肠杆菌。有些大肠杆菌产生的肠毒素，能引起强烈腹泻，此种大肠杆菌又称产肠毒素大肠杆菌。

（5）结核杆菌：水中结核杆菌主要来自医院或疗养院排放的污水。牛栏污水和肉类加工厂污水中还可经常检出牛结核分支杆菌（Mcobacteriumbovis），此菌也能使人致病。

钩端螺旋体

存在于已受感染的动物如猪、马、牛、狗、鼠的尿液内，可以水为媒介，通过破损的皮肤或黏膜侵入人体，引起出血性钩端螺旋体病。病原性钩端螺旋体对外界环境因素的抵抗力较一般细菌弱。

病毒

存在于人的肠道，并可通过粪便污染水体主要病毒有：脊髓灰质炎病毒（Poliovirus）、柯萨奇病毒（Coxsackievirus）和人肠细胞病变孤儿病毒（Echovirus）等肠道病毒，以及腺病毒（Adenovirus）、呼肠孤病毒（Reovirus）和肝炎病毒等。

对于病毒性传染病的水型爆发流行，研究较多的是传染性肝炎。流行病学调查证明，在世界各地传播的传染性肝炎，主要是水体受污染引起的。

脊髓灰质炎也可通过饮用水传播，但主要是接触传播。粪便中的柯萨奇病毒和人肠细胞病变孤儿病毒污染水体侵入人体后，可在咽部和肠道黏膜细胞内繁殖，进入血液形成病毒血症，引起脊髓灰质炎、无菌性脑膜炎、出疹性发热病、急性心肌炎和心包炎、流行性肌痛、上呼吸道感染、疱疹性咽峡炎和婴儿腹泻等。游泳后发生的咽喉炎和结膜炎多由腺病毒所引起。

寄生虫

通过污染的水体和土壤以及中间宿主等途径传播的寄生虫，主要有以下几种：

（1）溶组织阿米巴：是阿米巴痢疾的病原体，又称痢疾变形虫。它在人体内可呈现三种形态，即小滋养体、大滋养体和包囊。滋养体自人体排出后，很快死亡，而包囊对外界抵抗力很强。饮用水主要依靠絮凝、沉淀和过滤等处理过程除去包囊。阿米巴痢疾的主要传播途径是含有包囊的粪便污染的食物和饮用水。

（2）麦地那龙线虫：寄生于人及犬、马、牛、猴等动物的内脏和皮下组织中。其幼虫自人和其他动物体排出进入水体后，可被中间宿主——剑水蚤吞食，在剑水蚤内发育、蜕皮，被人误食后，幼虫就从剑水蚤体逸出，钻入人的肠壁，引起恶心、呕吐、腹泻、呼吸困难、眩晕和荨麻疹等症状。

（3）蓝伯氏贾第虫（Giardia lamblia）：是一种有鞭毛的肠道原虫，经口进入人体后，可引起慢性腹泻、腹痛、腹胀、疲乏等症状，但症状不明显。

（4）血吸虫：血吸虫卵随病人粪便排入水体，在适宜的条件下生存数小时后，虫卵中的毛蚴即可破卵而出，然后钻入钉螺体内生成尾蚴。尾蚴能钻入人体皮肤或黏膜，引起感染。血吸虫病目前仍然是一种流行较广的寄生虫病。

（5）其他寄生虫：肠道寄生虫如钩虫、蛔虫、鞭虫、姜片虫、蛲虫、猪肉绦虫、牛肉绦虫、短膜壳绦虫、细粒棘球绦虫等的虫卵，也可通过粪便污染土壤、水体、食物等，进入人体可引起相应的疾病。

昆虫

有一些在其生活史的某一阶段生活在水中的昆虫，可以通过水体传染疾病。这类昆虫主要有：

（1）蚊虫：蚊虫的卵必须在水中才能孵化成孑孓。在受到生活污水污染而又静止不动的水体中，特别容易孳生蚊虫。由蚊虫传播的疟疾目前仍然是一种流行较广的疾病。

（2）蚋：蚋的卵生于水中，附着于水草石头或沉于水底。卵在水中发育为幼虫、蛹，然后变为成虫。蚋除了叮咬和骚扰人畜外，还传播盘尾丝虫病（Onchocercosis）。

（3）舌蝇：生活周期与水有密切联系，是传播冈比锥虫（Trpano-soma ambiense dotton）的中间寄主。

其他生物

有些生物虽然不能直接影响人体健康，但是可以改变水的感官性状，恶化水质。例如使水质产生异臭、异味，或妨碍水的处理和分配。这些生物包括软体动物、栉虾、线虫和藻类等。

关注与行动

防治水体生物污染的主要措施有：

（1）加强污水的处理，主要是加强医院、畜牧场、屠宰场、禽蛋厂这些部门的污水处理。这类污水只有达到安全排放标准后才许排放。

（2）加强对饮用水的处理，保证所供给的生活饮用水符合水质标准。对农村分散式给水，通过煮沸或加漂白粉等方式杀灭水中的病原体。

跨国界的大污染

悲伤的大地

　　万物土中生。大地作为财富之母，支撑着地球上几十亿人口的生命。可以说保护土壤，保护大地，就是保护国家安全，同时也是保护人类自己。很早以前，在人类活动未强行干预主要生物群落的时候，随着气候冷暖干湿的变化、生物群落和下垫面等自然环境因素的变化，大地环境性质的变化通常也是缓慢的；可是，当前我们的大地母亲正面临着史无前例的冲击，人类活动直接或间接地加速了它的环境变化，并已经威胁到人类的生存。

春天，应该是寂静的吗？

春天是鲜花盛开、百鸟齐鸣的季节，春天里不应是寂静无声，尤其是在春天的田野。可是并不是人人都会注意到，从某一个时候起，突然地，在春天里就不再听到燕子的呢喃、黄莺的啁啾，田野里变得寂静无声了。美国的海洋生物学家蕾切尔·卡逊（Rachel Carson，1907～1964）却不一样，她有这种特殊的敏感性。她花了4年时间，调查了使用化学杀虫剂对环境造成的危害后，于1962年出版了《寂静的春天》（*Silent Spring*）一书。在这本书中，卡逊阐述了农药对环境的污染，用生态学的原理分析了这些化学杀虫剂对人类赖以生存的生态系统带来的危害，指出人类用自己制造的毒药来提高农业产量，无异于饮鸩止渴，人类应该走"另外的路"。

20世纪40年代起，人们开始大量生产和使用六六六、DDT等剧毒杀虫剂以提高粮食产量。到了50年代，这些有机氯化物被广泛使用在生产和生活中。这些剧毒物的确在短期内起到了杀虫的效果，粮食产量得到了空前的提高。

然而，这些剧毒物的制造者和使用者们却全然没有想到，这些用于杀死害虫的毒物会对环境及人类贻害无穷。它们通过

蕾切尔·卡逊

空气、水、土壤等潜入农作物，残留在粮食、蔬菜中，或通过饲料、饮用水进入畜体，继而又通过食物链或空气进入人体。这种有机氯化物在人体中积存，可使人的神经系统和肝脏功能遭到损害，可引起皮肤癌，可使胎儿畸形或引起死胎。同时，这些药物的大量使用使许多害虫已产生了抵抗力，并由于生物链结构的改变而使一些原本无害的昆虫变为害虫了。人类制造的杀虫剂，无异于为自己种下了一颗毒果。

《寂静的春天》以一个"一年的大部分时间里都使旅行者感到目悦神怡"的虚设城镇突然被"奇怪的寂静所笼罩"开始，通过充分的科学论证，表明这种由杀虫剂所引发的情况实际上就正在美国的全国各地发生，破坏了从浮游生物到鱼类到鸟类直至人类的生物链，使人患上慢性白血球增多症和各种癌症。所以像DDT这种"给所有生物带来危害"的杀虫剂，"它们不应该叫做杀虫剂，而应称为杀生剂"。作者认为，所谓的"控制自然"，乃是一个愚蠢的提法，那是生物学和哲学尚处于幼稚阶段的产物。她呼吁，如通过引进昆虫的天敌等等，"需要有十分多种多样的变通办法来代替

《寂静的春天》封面

化学物质对昆虫的控制"。通俗浅显的术语，抒情散文的笔调，文学作品的引用，使文章读来趣味盎然。作品连续 31 周登上《纽约时报》的畅销书排行榜。

《寂静的春天》是一部警示录，由于它的广泛影响，美国政府开始对书中提出的警告做调查，最终改变了对农药政策的取向，并于1970 年成立了环境保护局。美国各州也相继通过立法来限制杀虫剂的使用，最终使剧毒杀虫剂停止了生产和使用，其中包括曾获得诺贝尔奖的 DDT 等。

就在《寂静的春天》问世的前后，西方科学家经过研究发现，有机氯农药尤其是 DDT，这些化学物质在污染源附近以及距离几千千米之遥的地方都引起了负面效应。那些在食物链中属于高等捕食者的对象受到的损害最重，而处于食物链最高端的人类，无疑正面临着极大的威胁。

 ## 全球的焦虑

为了防治植物病虫害，全球每年有 460 多万吨化学农药被喷洒到自然环境中。据美国康奈尔大学介绍，全世界每年使用的 400 余万吨农药，实际发挥效能的仅 1%，其余 99% 都散逸于土壤、空气及水体之中。环境中的农药在气象条件及生物作用下，在各环境要素间循环，造成农药在环境中重新分布，使其污染范围极大扩散，致使全球大气、水体（地表水、地下水）、土壤和生物体内都含有农药及其残留。据美国环保局报告，美国许多公用和农村家用水井里至少含有国家追查的 127 种农药中的一种。印第安纳大学对从赤道到高纬度寒冷地区 90

个地点采集的树皮进行分析，都检出 DDT、林丹、艾氏剂等农药残留。曾被视为"环境净土"的地球两极，由于大气环流、海洋洋流及生物富集等综合作用，在格陵兰冰层、南极企鹅体内，均已检测出 DDT 等农药残留。我国是世界农药生产和使用大国，且以使用杀虫剂为主，致使不少地区土壤、水体及粮食、蔬菜、水果中农药的残留量大大超过国家安全标准，对环境、生物及人体健康构成了严重威胁。

农药在使用过程中，必然杀伤大量非靶标生物，致使害虫天敌及其他有益动物死亡。环境中大量的农药还可使生物产生急性中毒，造成生物群体迅速死亡。鸟类是农药的最大受害者之一。据研究，经呋喃丹、甲拌磷、丰索磷等处理过的种子对鸟类杀伤力特大。美国曾经报导，在每公顷喷洒 0.8 千克对硫磷的一块麦田里，一次便发现杀死 1200 只加拿大鹅，而在另一块使用呋喃丹的菜地里杀死了 1400 只鸭。美国因农药污染每年死亡的鸟类多达 6700 多万只，仅呋喃丹一项每年就杀死 100 万～200 万只，平均每公顷 0.25～8.9 只。埃及某农场的稻田内因大量使用对溴磷农药，一年便导致 1300 头大型役用家畜中毒死亡。据报道，美国大约有 20% 的蜂群损失是由农药直接造成的。我国江苏省大丰县用飞机喷洒 DDT 粉剂，施药 10 小时后，当地蜜蜂被杀死 90%。蜜蜂的大量死亡，不仅直接降低蜂蜜产量，还使作物传粉率降低，影响作物产量和质量。据估计，全球每年因农药影响昆虫授粉而引起的农业损失达 400 亿美元之多。除草剂对农作物及其他植物的危害也是相当严重的。美国得克萨斯州西南部用飞机喷洒除莠剂防治麦田杂草，由于药物漂移，使邻近棉田棉株大量死亡，损失达 20000 万美元。在艾奥瓦州施用除草剂，由于土壤中农药残留造成大面积大豆死亡，损失达 3000 万美元。

● 绿色追问——农药污染 ●

农药污染是指农药及其在自然环境中的降解产物，污染大气、水体和土壤，破坏生态系统，引起人和动植物急性或慢性中毒的现象。农药分有机农药和无机农药。污染主要由有机氯农药、有机磷农药和有机氮农药等造成。造成农药污染的原因很多，如长期使用一些禁用的高毒高残留农药，或在作物上滥施乱用等。

农药是一类特殊的化学品，它既能防治农林病虫害，也会对人畜产生危害。因此，农药的使用，一方面造福于人类，另一方面也给人类赖以生存的环境带来了严重危害。据文献报道，农药利用率一般为10%，约90%的残留在环境中，造成对环境的污染。大量散失的农药挥发到空气中，流入水体中，沉降聚集在土壤中，严重污染农畜渔果产品，并通过食物链的富集作用转移到人体，对人体产生危害。农药可以间接对人体造成危害。间接途径就是农药对环境造成污染，经食物链的逐步富集，最后进入人体，引起慢性中毒。高效剧毒的农药，毒性大，且在环境中残留的时间长，当人畜食用了含有残留农药的食物时，就会造成积累性中毒。这类危害往往要经过较长的时间积累才显示出症状，不为人们所认识。它又是通过食物链的富集作用，最后才进入人体，不易及时发现，因此，一般不为人们所重视。而且这类污染范围广，危害的人众多，在许多情况下，是人类自己在毒害自己。所以说，这类危害更加危险。

目前，农药已经对人类和其他生物造成了极其严重的危害，对生物多样性构成了巨大威胁，给人类和大自然造成了无法估量、无法挽回的负面影响。

大量使用农药，在杀死害虫的同时，也会杀死其他食害虫的益鸟、益兽，使食害虫的益鸟、益兽大大减少，从而破坏了生态平衡。加之经常使用农药，使害虫产生了抗药性，导致用药次数和用药量的增加，加大了对环境的污染和对生态的破坏，由此形成滥用农药的恶性循环。还有一个鲜为人知的事实是，使用农药不仅不能从根本上除掉害虫，反而会加速害虫的进化，加强它们的抗药性，甚至会产生无法用农药消灭的害虫。

随排水或雨水进入水体的农药，毒害水中生物的繁殖和生长，使淡水渔业水域和海洋近岸水域的水质受到损坏，影响鱼卵胚胎发育，使孵化后的鱼苗生长缓慢或死亡，在成鱼体内积累，使之不能食用和导致繁殖衰退。随着用药量的不断增加，渔业水质不断恶化，渔业污染事故时有发生，渔业生产受到严重威胁，往往造成渔业大幅度减产，直接造成经济损失。化合物的毒性是其可使人（或动物）造成伤害的固有特性，而化合物的危害性是其毒性的函数，即在特定环境条件下与该化合物的接触程度，是对人造成伤害可能性的条件。

农药对人体的危害也不可忽视。长期接触或食用含有农药残留的食品，可使农药在体内不断蓄积，对人体健康构成潜在威胁，即慢性中毒，可影响神经系统，破坏肝脏功能，造成生理障碍，影响生殖系统，产生畸形怪胎，导致癌症。

有机氯农药已被欧共体禁用30年，而德国一所大学对法兰克福、慕尼黑等城市的262名儿童进行检查，其中17名新生儿体内脂肪中含有聚氯联苯，含量高达1.6毫克/千克脂肪。1975年美国研究机构从各州任意挑选出150所医院，采集乳汁样品1436份，经检测大多数都含有狄氏剂、环氧七氯等。1983 年，我国哈尔滨市医疗部门对 70 名 30 岁以下的哺乳期妇女调查，发现她们的乳汁中都含有六六六和 DDT。

农药在人体内不断积累，短时间内虽不会引起人体出现明显急性中毒症状，但可产生慢性危害，如：有机磷和氨基甲酸酯类农药可抑制胆碱酯酶活性，破坏神经系统的正常功能。美国科学家已研究表明，DDT 能干扰人体内激素的平衡，影响男性生育力。在加拿大的因内特，由于食用杀虫剂污染的鱼类及猎物，致使儿童和婴儿表现出免疫缺陷症，他们的耳膜炎和脑膜炎发病率是美国儿童的 30 倍。农药慢性危害虽不能直接危及人体生命，但可降低人体免疫力，从而影响人体健康，致使其他疾病的患病率及死亡率上升。

另据国际癌症研究机构根据动物实验确证，18 种广泛使用的农药具有明显的致癌性，还有 16 种显示潜在的致癌危险性。据估计，美国与农药有关的癌症患者数约占全国癌症患者总数的 10%。越战期间，美军在越南喷洒了大量植物脱叶剂，致使不少接触过脱叶剂的美军士兵和越南平民得了癌症、遗传缺陷及其他疾病。据最近报道，越南因此已出现了 5 万名畸形儿童。1989～1990 年，匈牙利西南部仅有 456 人的林雅村，在生下的 15 名活婴中，竟有 11 名为先天性畸形，占73.3%，其主要原因就是孕妇在妊娠期吃了经敌百虫处理过的鱼。

除了对生物和人体造成的危害之外，农药也会对环境造成严重的污染和破坏。有些农药带有挥发性，在喷撒时可随风飘散，落在叶面上可随蒸腾气流逸向大气，在土壤表层时也可日照蒸发到大气中，春季大风扬起裸落农田的浮土也带着残留的农药形成大气颗粒物，飘浮在空中。例如北京地区大气中就检测出挥发性的有机污染物 70 种；半挥发性的有机污染物 60 种，其中农药 25 种之多，包括艾氏剂、狄氏剂、DDT、氯丹、硫丹、多氯联苯等。其他南方农业地区，因气温高，问题更为严重。

关注与行动

致力于环保事业的绿色和平组织认为，解决农药残留问题的根本在于源头控制，只有在农作物的种植过程就不使用农药，才可能完全杜绝蔬菜水果中农药残留对人体的危害。从禁止高毒农药两年后仍能发现被禁用的甲胺磷这一事实就能看出，单纯禁止某些农药的使用并不能完全解决农药残留问题。

高毒农药禁令所造成的一个严重后果是，农民认为他们现在施用的其他农药都是"低毒"甚至是"无毒"农药。农民误以为需要混合各种"低毒"农药，才能控制病虫害，因此，农产品混合农药残留问题非常严重。实际上，所谓的"低毒"农药还是会对人体健康和环境造成种种危害的。

污染我们食物的根本问题在于我们的农业生产方式——化学农业，如果不改变目前的农业模式，农药大量施用的情况还会继续，超市所销售的和每一个消费者餐桌上的蔬菜和水果还是会继续有农药残留。

摆脱对农药的依赖，关键是需要通过生态的方式来控制病虫害。生态农业与化学农业不同，无需依赖有毒的化学品，而采用生态防治病虫害的措施，比如病虫害综合防治（Integrated Pest Management）、物理防治、生物防治、利用生物多样性的间套作等。只有这种生产方式才能够生产出充足而真正安全的食物，同时避免污染环境。

此外，解决化学合成农药残留污染危害最根本有效的途径是使用生物防治，它能从源头上解决困扰人类几十年的化学农药污染问题。现在世界各国都在加紧研制生物防治对应的新农药及生物，在未来用来代替化学农药。

相关链接：激进的环保先锋——国际绿色和平组织

　　"国际绿色和平组织"由一位名叫戴维·麦格塔格的加拿大工程师发起，于1971年9月15日成立，是一个国际性的环境保护民间组织。该组织的总部设在伦敦，在25个国家设有分部，其成员达350万人，每年会费就收到1亿美元。发起人戴维曾任该组织的主席，还获得过联合国颁发的"全球500佳"奖。

"国际绿色和平组织"的会员证

　　该组织迄今已成立20多年，他们反对核试验，曾派出"彩虹勇士"号旗舰驶往南太平洋，反对法国进行核试验，以致被炸毁；他们反对捕鲸，曾派出"天狼星"号船封锁直布罗陀海峡，阻止前苏联的捕鲸船队通过；他们反对有害废弃物越境转移，曾举行新闻发布会，揭露一些国家把有害废弃物越境转移的真相；他们在关注战争带来的环境危机；他们主张限制温室气体排放；他们关注工业公害事件，反对基因改良食品等方面作出了积极的努力；他们用"公众舆论"这个有利武器在唤起人们反对污染、保护环境，敦促有关国家或企业采取控制污染措施方面为环境保护做出了很大的贡献。但是，由于他们经常采取十分激进的行动，也使很多人对他们敬而远之，就连蒂洛·博德在谈到"绿色和平"的前景时也有些悲观地说："追求环保的崇高目标是一回事，而保持社会和谐是另一回事。"

"绿色和平"组织的图标

虽然世界对"绿色和平"组织的行动评说不一，但他们作为环保非政府组织的一员，至今仍活跃在世界环保舞台上。

化肥，巨大的污染暗流

　　我国是一个农业大国，肥料对于庄稼生长来说，是不可或缺的。目前我国年化肥施用量达4100多万吨，占世界总用量的1/3，成为世界化肥生产和消费第一大国。化肥的使用，有力地推动了农作物增产，粮食总产量由1949年的1.13亿吨，增加到现在的5.12亿吨，其中化肥的贡献超过40%。

　　但是，化肥的过量和不均衡使用也成为我国农业的一个主要特点。由此不仅降低了农产品质量，还给环境带来严重污染。我国农田生态系统中仅化肥氮的淋洗和径流损失量每年约174万吨，每年损失的氮素价值300多亿元。长江、黄河和珠江每年输出的溶解态无机氮则成了近海赤潮形成的主要原因。中国农业科学院土壤肥料研究所调查显示，全国已有17个省的氮肥平均施用量超过国际公认的上限——每公顷225千克。抽样测定结果表明，北京市菠菜硝酸盐含量高达2358毫克/千克，萝卜为2177毫克/千克；上海、广州等大城市蔬菜中亚硝酸盐含量超标2～8倍；南京市蔬菜中求超标率达75%。残留化肥，已经成为一股巨大的污染暗流。

 全球的焦虑

　　19世纪，英国骨粉的进口量大增；南美地区的海鸟粪便成为抢手货；欧洲农场主甚至到拿破仑时期的战场（滑铁卢、奥斯特里茨）等地寻找骨头撒到田间。有对肥料的需要，就催生出有关研究或发明。德国化学家李比希首次弄清了土壤养分如氮、磷、钾在植物生长过程中的作用，但其中的首要制约因素始终是氮肥。空气的主要成分就是氮，问题在于氮气是一种惰性气体，难以直接利用。于是，直到哈伯发明人工合成氨方法，才有 20 世纪以来化肥的大规模生产。从此，农业快速步入工业化生产模式。

田地里正在喷洒化肥

最近 20 年内全世界化学肥料的消耗量增加了 3 倍，氮肥使用量增长尤其快。化肥使用量的增加，虽然提高了农作物的产量，但由于使用量不当以及施肥方法不合理，常使很多化肥被浪费掉；而且随水土流失进入水体，从而加剧了对环境的污染，导致生态系统多方面失调。国外在绿色食品生产中，对有机肥的作用逐渐有了客观评价。20世纪70～80年代西方掀起的有机农业，排斥化肥，十分重视和强调有机肥料的作用和使用。但以后的研究发现，不合理过量使用有机肥，同样造成土壤硝酸盐积累和污染地下水，甚至污染食品。

● 绿色追问——化肥污染 ●

化肥污染是农田施用大量化肥而引起水体、土壤和大气污染的现象。农田施用的任何种类和形态的化肥，都不可能全部被植物吸收利用。据有关资料介绍：目前我国氮肥当季利用率仅为30%～35%，磷肥利用率仅为15%～20%，钾肥利用率也不超过65%。我国每年通过挥发、反硝化、淋失等途径损失的化学氮多达1200万～1400万吨，现有复合肥中的磷在进入土壤后，35～40天有效性即下降80%，从而造成资源浪费，污染环境。

化肥污染引起的环境问题主要有五方面。一是使水源污染，造成人们生活用水的短缺，并因饮用被污染的水源而致健康损害。二是导致河川、湖泊、内海的富营养化。原因在于残留在土壤中的化肥被暴雨冲刷后汇入水体，加剧了水体的富营养，导致水草繁生，许多水塘、水库、湖泊因此变臭，成为死水。而且由于水中氮、磷含量增加，使藻类等水生植物生长过多。三是使土壤酸化以及物理性质恶化，一旦土壤中某种营养元素过剩，还会造成土壤对其他元素的吸收性能下降，从而破坏了土壤的内在平衡，导致土壤板结。四是食品、饲料中有毒成分增加，危害人体健康。五是大气中氮氧化物含量增加，化肥中的氮元素等进入大气后，增加了温室气体，导致环境温度升高。

遭受化肥污染的土地和水源

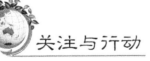

关注与行动

防治化肥污染，可以通过以下几个方面来进行。

（1）防止化肥污染，不要长期过量使用同一种肥料，掌握好施肥时间、次数和用量，采用分层施肥、深施肥等方法减少化肥散失，提高肥料利用率。

（2）化肥与有机肥配合使用，增强土壤保肥能力和化肥利用率，减少水分和养分流失，使土质疏松，防止土壤板结。

（3）进行测土配方施肥，增加磷肥、钾肥和微肥的用量，通过土壤中磷、钾以及各种微量元素的作用，降低农作物中硝酸盐的含量，提高农作物品质量。

（4）制定防止化肥污染的法律法规和无公害农产品施肥技术规范，使农产品生产过程中肥料的使用有章可循、有法可依，有效控制化肥对土壤、水源和农产品产生的污染。

经过科学家的努力，用菌肥代替化肥也是一个不错的前景。菌肥不会像化肥那样积淀在植物叶上或土壤中，一遇到降水就会随之流走，它可以把固态氮转化为易吸收的离子态的氮，从而使板结的土壤变得柔软，菌肥还有一个优点，是能持续地供给养分。

相关链接：国外关于土壤污染保护的法律

1. 在美国

1980年美国通过了《环境应对、赔偿和责任综合法》，主要意图在于清洁全国范围内的有害地块，并明确清洁费用的承担者，对土壤污染采取"谁污染谁治理"的原则。1997年5月，美国政府发起并推动了"棕色地块"（工厂搬迁后留下的被污染的土地）全国合作行动议程，当年联邦政府在100余个棕色地块投入的资金超过4亿美元。1998年3月，美国确立了16个"棕色地块"治理示范社区，吸引了39亿多美元的开发基金。同时美国农业部对土壤保护采取了一些举措。如：到农场进行技术援助和知识培训；支付给农民转入土壤保护而停止生产土地租金；采集数据资料，对土壤保护项目进行评价和研究；为保证土壤保护项目的实施，防止土壤用途的改变和农民签订资金支付协议。从美国保护土壤污染的举措中，可以看出，美国在法律制订中侧重于对农民利益的维护、保护以及对土壤资源的养护。

2. 在日本

日本是一个人多地少的国家，但是日本相比较于中国，更注重土壤的养护与土壤污染的保护，尽管日本是一个经济高度发达的现代国家，但是日本农业的生产方式是保守而重生态的，注重精耕细作与土壤的更新。日本也是世界上最早对土壤进行大面积修复的国家。日本于 1970 年颁布的《农业用地土壤污染防治法》于 1993 年进行了修订，其目的是"为了防治和消除农业用地被特定有害物质污染，以及合理利用已被污染的农业用地，研究防止生产有可能危害人体健康的家畜产品，以及妨害农作物生长的必要措施"，并且对已经或可能被污染的区域进行划界，指定对策区域，并在该区域范围内进行科研及改良、治理等。

3. 在德国

德国《土壤保护法》已于 1999 年 3 月 1 日开始实施。德国的土壤保护法对土壤的保护主要体现在以下几个方面：第一，在土壤管理方面，防止土壤紧实；在农用机械方面，防止水土流失。对种植防风植物，加大已有防风的种植密度，并加大种植面积，以避免土壤风蚀。尽可能采用轮作方式，保持土表高覆盖度；尽可能减少土表的机械使用，作物残留物和有机物均衡处理。保持土壤适宜的酸碱度，以保证土壤微生物活力。第二，在肥料管理方面，对施肥方式、措施，不同肥料的应用与管理，不同肥料与土壤的关系，如何确立施用何肥料以及如何实施能够保障土壤的肥力、酸碱度平衡等方面提出了明确的要求。第三，对于肥料中重金属的含量做出了明确的限制性规定。德国的土壤保护对可能造成土壤污染或土壤退化的相关规定比较具体，因此，具有较强的实践性和可操作性，特别是在防风植物的种植、轮作方式、作物的残留物处理、土壤成分平衡、肥料管理、肥料中重金属含量等都有较好的规定。

病源，来自一座垃圾仓库

　　拉夫运河（Love Canal）位于美国加利福尼亚州，是一个世纪前为修建水电站挖成的一条运河，20世纪40年代就已干涸而被废弃不用了。1942年，美国一家电化学公司购买了这条大约1000米长的废弃运河，当作垃圾仓库来倾倒工业废弃物。这家电化学公司在11年的时间里，向河道内倾倒的各种废弃物达800万吨，倾倒的致癌废弃物达4.3万吨。1953年，这条已被各种有毒废弃物填满的运河被公司填埋覆盖好后转赠给了当地的教育机构。此后，纽约市政府在这片土地上陆续开发了房地产，盖起了大量的住宅和一所学校。厄运从此降临在居住在这些建筑于昔日运河之上的人们身上。

　　从1977年开始，这里的居民不断发生各种怪病，孕妇流产，儿童夭折，婴儿畸形，癫痫、直肠出血等病症也频频发生。1987年，这里的地面开始渗出一种黑色液体，引起了人们的恐慌。经有关部门检验，这种黑色污液中含有氯仿（$CHCl_3$）、三氯酚（$C_6H_3Cl_3O$）、二溴甲烷（CH_2Br_2）等多种有毒物质，对人体健康会产生极大的危害。这件事激起了当地居民的愤慨，当时的美国总统卡特宣布封闭当地住宅，关闭学校，并将居民撤离。事出之后，当地居民纷纷起诉，但因当时尚无相应的法律规定，该公司又在多年前就已将运河转让，诉讼失败。直到20世纪80年代，环境对策补偿责任法在美国议院通过后，这一事件才被盖棺定论，以前的电化学公司和纽约政府被认定为加害方，共赔偿受害居民经济损失和健康损失费达30亿美元。

全球的焦虑

　　20世纪后，工业发展推动了城市化，城市垃圾问题也开始时刻困扰着人们的生活。垃圾是固体废弃物的一种。目前，全世界的垃圾生产量在不断增长，每年产生的垃圾约达100亿吨，相当于全世界粮食产量的6倍，钢产量的14倍。美国近20年来的垃圾的增长曲线甚至超过了人口增长曲线。城市垃圾不仅是生产量增长，而且在成分上也与过去有着质的变化。除了大规模的工业废弃物污染以外，生活垃圾中的有毒废弃物污染在20世纪中期也是屡见不鲜的。这种早期的污染物排放即便停止了，有毒物质也会长期滞留于环境中，对人类及其他生物的生存造成威胁，对生态环境的自净循环系统造成破坏。

任意丢弃的固体废弃物

　　据英国科学家对垃圾填埋场附近的820万个婴儿调查后发现，患先天缺陷、脊柱裂的婴儿明显增多，在每年出生的1万多个患先天缺陷的婴儿中，有3420个体重过轻或偏轻、脊柱裂的婴儿与垃圾填埋场有关。

据中国环境监测总站 2001 年对各类垃圾处理场 345 座调查表明，我国垃圾填埋场已经普遍发生渗漏。几乎所有垃圾填埋场排放的污染物，均未达到国家有关污染控制标准。尤其是早期的城市垃圾填埋大多比较简陋，渗漏是很难避免的。经对北京的几个大型垃圾填埋场的渗漏检测证实，均已发生了明显的渗漏。某些垃圾填埋场地下渗漏污染已造成周围十几平方千米范围内的地下水不能饮用，高发人群明显增多。

● 绿色追问——固体废弃物污染 ●

拉夫运河事件是典型的固体废弃物无控填埋污染事件。固体废弃物主要来源于人类的生产和消费活动，是指被丢弃的固体和泥状物质，包括从废水、废气中分离出来的固体颗粒。固体废弃物可对环境造成多方面的污染，其危害从拉夫运河事件可见一斑。如果把固体废

垃圾如山

弃物直接倾倒入江河湖海，会造成对水体的污染；如果露天堆放固体废弃物遇到刮风，其尘粒就会随风飞扬，污染大气；固体废弃物在焚化时也会散发含有二噁英等有毒致癌物的毒气和臭气污染大气环境；堆放或填埋的固体废弃物及其渗出液会污染土壤，并通过土壤和水体在植物机体内积存，进而进入食物链，影响人类健康。

关注与行动

如何消纳越来越多的垃圾成为最令人头疼的事情。除了有机垃圾可以进行发酵堆肥以外，城市生活垃圾的处理方式一般为填埋和焚烧。填埋会占用大量的土地。美国在 20 世纪初曾自恃土地广博而占用了大量土地来填埋垃圾，然而到了 20 世纪 80 年代中期，就到了无处可埋的地步，只好寻求垃圾出口，甚至企图把垃圾卸到南极，由此引起了世界各国的公愤。另外，填埋过垃圾的土地是不宜利用的，因为垃圾中的各种有毒有害物质会随着雨水渗入地下，污染土地和水源。如果填埋不当，垃圾内部产生的甲烷气体还会容易引起爆炸。

国内外城市垃圾处理概况

目前国内外广泛采用的城市生活垃圾处理方式主要有卫生填埋、高温堆肥和焚烧等，这三种主要垃圾处理方式的比例，因地理环境、垃圾成分、经济发展水平等因素不同而有所区别。

由于城市垃圾成分复杂，并受经济发展水平、结构、自然条件及传统习惯等因素的影响，所以国外对城市垃圾的处理一般是随国情而不同。往往一个国家中各地区也采用不同的处理方式，很难有统一的模式，但最终都是以无害化、资源化、减量化为处理目标。从应用技术看，国外主要有填埋、焚烧、堆肥、综合利用等方式，机械化程度较高，且形成系统及成套设备。从国外多种处理方式的情况看，有以下趋势：①工业发达国家由于能源、土地资源日益紧张，焚烧处理比例逐渐增大；②填埋法作为垃圾的最终处置手段一直占有较大比例；③农业型的发展中国家大多数以堆肥为主；④其他一些新技术，如热解法、填海、堆山造景等技术，正不断取得进展。

焚烧是目前世界各国广泛采用的城市垃圾处理技术，大型的配备有热能回收与利用装置的垃圾焚烧处理系统，由于顺应了回收能源的要求，正逐渐上升为焚烧处理的主流。国外工业发达国家，特别是日本和西欧，普遍致力于推进垃圾焚烧技术的应用。国外焚烧技术的广泛应用，除得益于经济发达、投资力强、垃圾热值高外，主要在于焚烧工艺和设备的成熟、先进。世界上许多著名公司投入力量开发焚烧技术与设备，且主要设备与附属装置定型配套。目前国外工业发达国家主要致力于改进原有的各种焚烧装置及开发新型焚烧炉，使之朝着高效、节能、低造价、低污染的方向发展，自动化程度越来越高。

国外专门用来回收衣服和鞋子的垃圾箱

各国对于垃圾的回收利用

美国 1976 年颁布《资源回收利用法》，要求国民对废弃物进行循环利用。80 年代末开始建立路边资源垃圾分类回收系统，目前已有 44 个州制定了有关垃圾分类回收的法规，要求居民将垃圾分类投放，配合垃圾资源回收再利用和减量化行动。旧金山从 1989 年开始大力推行垃圾分类收集，将垃圾分为可回收垃圾和普通垃圾；洛杉矶 2000 年提出垃圾减半的目标，开始实行新垃圾分类方法，将原来的两类分为三类：可回收植物垃圾和普通垃圾。

日本居民会按照回收部门的要求，将垃圾认真分类（有些地方的居民生活垃圾分类多达 23 种），以使废弃物中可用资源可以充分循环利用。以在日本家庭垃圾中占比例很大的产品包装物和容器为例，人们将其分为金属类、玻璃类、纸类及塑料类，按时放到指定地点，回收部门定时回收。日本每年废弃的家用电器重量达 60 万吨，回收利用率 50%～60%，消费者和家电生产企业及销售商要负担部分费用。

德国在垃圾分类方面有比较完善的法律法规，如《废弃物处理法》、《可再生资源法》、《废物包装条例》等。通过垃圾分类，大量有用垃圾资源得以回收利用，参与其中的私营公司盈利颇丰。

除了传统的纸张、木材、玻璃等废弃物之外，近年来电子废弃物的回收利用也成为一种重要的发展趋势。据绿色和平组织提供的资料显示，全球每年产生多达 4 亿吨的危险废物，欧盟于 2006 年 7 月 1 日起禁止销售含有危险物质如铅、镉类重金属电子产品，并实施家用电器回收的办法。同时规定商业界最少必须回收 90% 的废弃电冰箱及洗衣机，并将此类大型电器用品的 60% 用于再生产利用。在个人电脑方面，其回收比例则将按产品重量，由原定的 60% 提高到 70%，再生比例也将由 50% 提高至 60%。美国加利福尼亚州和马塞诸塞州已宣布禁止计算机显示器的填埋。而日本松下公司为应对欧盟的环保措施，也将其原定 2010 年实施"绿色计划"提前到

2005 年 4 月实施。

相关链接：一英国妇女因为垃圾处理不当被告上法庭

30 多岁的英国妇女多娜·夏利亚斯家住英国德文郡小镇旺福德，是一位失业在家的 3 个孩子的母亲。2006 年 5 月，她被埃克塞特市政委员会告上了法庭，罪名是她污染了她家附近地区大约 300 户家庭使用的可回收垃圾分类处理箱，把不可回收的垃圾扔进了可回收垃圾箱里。她扔掉的垃圾包括香烟头、残羹剩饭以及一个坏掉的真空吸尘器，而她把这些垃圾扔进了用于存放玻璃瓶、纸盒以及塑料等可回收垃圾的箱子里。

埃克塞特市政委员会为此对她提出了 6 项指控，夏利亚斯也因此成为英国新环境保护法出台之后由于处理垃圾不当而成为被告的第一人。

绿色小贴士——我国的可回收垃圾分类

可回收垃圾：

（1）废纸：包括报纸、书本纸、包装用纸、办公用纸、纸盒等，但纸巾和卫生纸由于水溶性强，不可回收。

（2）塑料：包括各种塑料袋、塑料泡沫、塑料包装、一次性塑料餐盒餐具、硬塑料等。

（3）玻璃：包括玻璃瓶和碎玻璃片、镜子、暖瓶等。

（4）金属：包括易拉罐、铁皮罐头盒等。

（5）织物：包括旧纺织衣物和纺织制品、废弃衣服、桌布、洗脸巾、书包等。

目前我国常见的分类垃圾桶

不可回收垃圾：

烟头、果皮、菜叶、煤渣、建筑垃圾、食品残留物等。

需要特别处理的有毒垃圾：

废电池、日光灯管、水银温度计、油漆桶、药品、化妆品等。

塑料，环保主义者最为头痛的对象

1909 年，美国的贝克兰首次合成了酚醛塑料。20 世纪 30 年代，尼龙又问世了，被称为是"由煤炭、空气和水合成，比蜘蛛丝细，比钢铁坚硬，优于丝绸的纤维"。它们的出现为此后各种塑料的发明和生产奠定了基础。由于第二次世界大战中石油化学工业的发展，塑料的原料以石油取代了煤炭，塑料制造业也得到飞速的发展。

塑料是一种很轻的物质，用很低的温度加热就能使它变软，随心所欲地做成各种形状的东西。塑料制品色彩鲜艳，重量轻，不怕摔，经济耐用，它的问世不仅给人们的生活带来了诸多方便，也极大地推动了工业的发展。

然而，塑料的发明还不到 100 年，如果说当时人们为它们的诞生欣喜若狂，现在却不得不为处理这些充斥在生活中、给人类生存环境带来极大威胁的东西而煞费苦心了。

塑料制品作为一种新型材料，具有质轻、防水、耐用、生产技术成熟、成本低的优点，在全世界被广泛应用且呈逐年增长趋势。塑料包装材料在世界市场中的增长率高于其他包装材料，1990～1995 年塑料包装材料的年平均增长率为 8.9%。

我国是世界上十大塑料制品生产和消费国之一。1995 年，我国塑料产量为 519 万吨，进口塑料近 600 万吨，当年全国塑料消费总量约 1100 万吨，其中包装用塑料达 211 万吨。包装用塑料的大部分以废旧薄膜、塑料袋和泡沫塑料餐具的形式，被丢弃在环境中。这些废旧塑料包装物散落在市区、风景旅游区、水体、道路两侧，不仅影响景观，造成"视觉污染"，而且因其难以降解对生态环境造成潜在危害。

 ## 全球的焦虑

目前，中国塑料年产量为 300 万吨，消费量在 600 万吨以上。全世界塑料年产量为 1 亿吨，如果按每年 15% 的塑料废弃量计算，全世界塑料年废弃量就是 1500 万吨，中国的塑料年废弃量在 100 万吨以上，废弃塑料在垃圾中的比例占到 40%。这样大量的废弃塑料作为垃圾被埋在地下，无疑给本来就缺乏的可耕种土地带来更大的压力。

● 绿色追问——白色污染 ●

塑料是从石油或煤炭中提取的化学石油产品，一旦生产出来就很难自然降解。塑料埋在地下 200 年也不会腐烂降解，大量的塑料废弃物填埋在地下，会破坏土壤的通透性，使土壤板结，影响植物的生长。如果家畜误食了混入饲料或残留在野外的塑料，也会造成因消化道梗阻而死亡。塑料在给人们的生活带来方便的同时，也给环境带来了难以收拾的后患，人们把塑料给环境带来的灾难称为"白色污染"。

白色污染

塑料主要是由聚乙烯、聚苯乙烯、聚丙烯、聚氯乙烯等高分子化合物制成的。

污染物质小档案

聚乙烯

聚乙烯是乙烯经加成聚合反应制得的一种热塑性树脂。根据聚合条件不同，可得到相对分子量从一万几百万不等的聚乙烯。聚乙烯是略带白色的颗粒或粉末，半透明状，无毒无味，化学稳定性好，能耐酸碱腐蚀。商业上将聚乙烯分为低、中、高密度。一般用于包装的主要是不加增塑剂的低密度（0.92克/立方厘米～0.93克/立方厘米）。

聚丙烯

聚丙烯通常是半透明固体，无味无毒，密度（0.90克/立方厘米～0.91 克/立方厘米）、机械强度比聚乙烯高，耐热性好。三种聚丙烯中，以等规聚丙烯产量最大。采用三氯化钛—氯二乙基铝为催化剂，在加氢饱和的汽油中使丙烯聚合，得到等规聚丙烯。

聚氯乙烯

聚氯乙烯通过游离基加成聚合反应生成高聚物，属热塑性树脂。无定型白色粉末，无固定熔点，密度为（1.35 克/立方厘米～1.45 克/立方厘米），具有较好的化学稳定性。熔于环乙酮，氯苯，二甲基甲酰胺，甲苯—丙酮混合溶剂等。

聚苯乙烯

无色无味透明树脂，透光性好。表面富有光泽，易燃，密度为（1.05 克/立方厘米～1.07 克/立方厘米）具有优良的防水性，耐腐蚀性、电绝缘性。

以上是"白色污染"的主要成分，另外，在这些污染物中，还加入了增塑剂、发泡剂、热稳定剂、抗氧化剂等。

"白色污染"的主要危害在于"视觉污染"和"潜在危害"：

（1）"视觉污染"——在城市、旅游区、水体和道路旁散落的废旧塑料包装物给人们的视觉带来不良刺激，影响城市、风景点的整体美感，破坏市容、景观，由此造成"视觉污染"。

（2）"潜在危害"——废旧塑料包装物进入环境后，由于很难降解，造成长期的、深层次的生态环境问题。首先，废旧塑料包装物混在土壤中，影响农作物吸收养分和水分，将导致农作物减产；第二，抛弃在陆地或水体中的废旧塑料包装物，被动物当作食物吞入，导致动物死亡（在动物园、牧区和海洋中，此类情况已屡见不鲜）；第三，混入生活垃圾中的废旧塑料包装物很难处理，填埋处理将会长期占用土地，混有塑料的生活垃圾不适用于堆肥处理，分拣出来的废塑料也因无法保证质量而很难回收利用。

目前，人们反映强烈的主要是"视觉污染"问题，而对于废旧塑料包装物长期的、深层次的"潜在危害"，大多数人还缺乏认识。

 关注与行动

目前，很多国家都采取焚烧（热能源再生）或再加工制造（制品再生）的办法处理废弃塑料。这两种办法使废弃塑料得到再生利用，达到了节约资源的目的。但由于废弃塑料在焚烧或再加工时会产生对人体有害的气体，污染环境，所以可以说废弃塑料的处理至今仍是环保工作中令人头疼的一大难题。

各国防治"白色污染"的措施

早在 1985 年，美国人均消费塑料包装物就已达 23.4 千克，日本为 20.1 千克，欧洲为 15 千克。进入 90 年代，发达国家人均消费塑料包装物的数量更多（我国 1995 年人均消费塑料包装物和其他塑料制品为 13.12 千克）。从消费量来看，似乎发达国家的"白色污染"应该很严重，实则不然。究其原因，一是发达国家很早就严抓市容管理，很少有人随手乱扔废旧塑料包装物，基本消除了"视觉污染"。二是发达国家生活垃圾无害化处置率较高。以美国为例，80 年代以前，处置废塑料主要方式是填埋，后来发现塑料长期不降解，90 年代以后，他们转而走回收利用的路子。塑料和其他材料比，有一个显著的优点：塑料可以很方便地反复回收使用。废塑料回收后，进行分类、清洗后

再通过加热熔融，即可重新成为制品。从组成看，聚乙烯、聚丙烯、聚苯乙烯均由碳氢元素组成，而汽油、柴油等燃料也是由碳氢元素组成，只不过分子量较小。因此，把这几类塑料隔绝空气加热至高温，使之裂解，把裂解产物进行分馏，可制得汽油与柴油。现在许多发达国家已建立起了一套严密的分类回收系统，大部分废旧塑料包装物被回收利用，少部分转化为能源或以其他方式无害化处置，也基本消除了废旧塑料包装物的潜在危害。

美国制定了《资源保护与回收法》，对固体废物管理、资源回收、资源保护等方面的技术研究、系统建设及运行、发展规划等都做出了明确的规定。加利福尼亚、缅因、纽约等 10 个州先后出台了包装用品的回收押金制度。日本在《再生资源法》、《节能与再生资源支援法》、《包装容器再生利用法》等法律中列专门条款，以促进制造商简化包装，并明确制造者、销售者和消费者各自的回收利用义务。德国在《循环经济法》中明确规定，谁制造、销售、消费包装物品，谁就有避免产生、回收利用和处置废物的义务。德国的《包装条例》将回收、利用、处置废旧包装材料的义务与生产、销售、消费该商品的权利挂钩，把回收、利用、处置的义务分解落实到商品及其包装材料的整个生命周期的各个细微环节，因而具有较强的操作性和实效性。近年来，一些国家大力开展 3R 运动，即要求做到废塑料的减量化（Reduce）、再利用（Reuse）、再循环（Recycle）。目前，在德、日、美等国家，由于重视对包装材料的回收处理，已经实现了塑料的生产、使用、回收、再利用的良性循环，从根本上消除了白色污染。

研究开发降解塑料也是消除白色污染的一个重要途径。降解塑料具有与普通塑料同样的使用功能，但在完成其使用功能而被废弃后，其化学结构可以在某些条件下发生变化，使高分子分解成分子量较小的分子，最后，被自然环境所同化。降解塑料有三类：光降解塑料、生物降解塑料及双降解塑料。但是现在许多降解塑料并非100％降解，只是把塑料变为塑料碎片，目前在世界上降解塑料还远远没有得到大规模使用。开发使用降解塑料也只能作为解决白色污染的辅助措施。

此外加强环保宣传，在社会上形成良好的环保氛围，是解决白色污染及其他各种形式污染的前提。例如，要回收废塑料，就要实行垃圾回收分装制度，把不同类的垃圾放在不同的垃圾桶内，这就需要我们有高度自觉的环保意识。

绿色小贴士：选择塑料食品袋时的注意事项

为有效降低使用塑料制品的危害，在选择和使用塑料食品袋或一次性餐盒时要慎选慎用。

（1）购买熟食、点心等直接入口的食物时，最好自带餐具或标准塑料食品袋。购买标准塑料食品袋，最好到正规的商场（店）购买知名品牌的产品，产品的外包装袋上要有中文标志，标有厂名、厂址和执行标准，并在明显处注明"食品用"字样。同时，冰箱里的冷藏、冷冻食品也应该用保鲜膜或保鲜袋，不要用普通的塑料袋代替。

（2）禁用彩色塑料袋直接盛装食品。因为塑料袋染色的颜料渗透性较强，遇油和遇热时容易使颜料中的化学成分渗出。另外，不能用聚氯乙烯塑料制品存放含油、含酒精类食品及温度超过50℃的食品，否则袋中的铅会溶入食品中。塑料袋还会释放有毒气体，侵入到食品

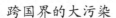
当中。

（3）消费者可以用以下方法辨别塑料食品袋是否有危害：一般无害的塑料袋呈乳白色、半透明或无色透明状，有柔韧性，手摸时有润滑感，表面似有蜡，遇明火易燃，离火后仍能继续燃烧，无异味。而有害的塑料袋颜色混浊或呈淡黄色，手感发粘，燃烧有异味。另外，如把塑料袋置于水中并按入水底，无害塑料袋比重比水小，可浮出水面，有害塑料袋比重比水大，则会下沉；无害塑料袋气味很弱或没有异味，有害塑料袋有一股难闻的气味；用力一抖，无害塑料袋发声清脆，有害塑料袋则声音闷涩。

（4）真正的环保餐盒应该是颜色、质地均匀，手感好，强度高，不易撕裂，盛冷热食品时没有异味散发，易于回收利用和降解。而假冒的环保餐盒摸起来软绵绵，轻轻一撕就会破裂，且有异味。

危险的生活

衣食住行，这是充实我们日常生活最主要的部分。早晨一觉醒来，换上一件漂亮的新衣；坐在餐桌前，期待一份营养美味的早餐；心情愉悦地轻轻关上温暖的家门，开着舒适的车子或者选择某种公共交通工具，开始一天忙碌的工作……这不是人们最熟悉的生活么？

然而，这种简单与平凡却被充斥于每个角落的污染打破。污染除了已经占领了我们洁净的阳光、空气、水之外，还在以迅雷不及掩耳之势侵入到我们生活的每一个细节之中。衣橱、餐桌、住房、街道……无处不在，如影随形。

穿衣也会受伤害

"一种德国产全棉儿童背带裤和一种意大利产牛仔男衬衫，均被检出存在对人体有害、甚至可能致癌的可分解芳香胺"。2006 年，上海出入境检验检疫局对该市 9 家著名商场零售进口服装抽检结果中一个令人不安的细节。同样令人不安的是，在此次抽检的来自 12 个国家和地区的 31 件名牌服装样品中，有 20 个样品不符合我国实施的《国家纺织品基本安全技术规范》，不合格率高达 64.5%。这其中既有高档服饰配件，也有衬衫、内衣、婴幼儿服装等与消费者接触最亲密的衣物。

在我国国家质检总局对儿童服装质量的一次抽查中，发现有三成以上产品甲醛超标。据质检专家分析，生产企业在面料生产的过程中，加入大量含甲醛的染色助剂和树脂整理剂，其目的是为了使衣服不起皱、不缩水、不褪色，但如果给孩子穿上这样的衣服，甲醛会慢慢地释放出来，孩子吸入后，最明显的症状是疲倦、失眠、头疼、咳嗽等，皮肤长期接触甲醛还会引起皮疹，这对婴幼儿的生长发育会产生严重的影响。抽查还发现，部分儿童服装容易褪色，染料中的重金属离子会渗透皮肤危害孩子的健康，尤其是婴幼儿的皮肤娇嫩，后果更为严重。还有部分产品面料标注名不副实，以次充好，有的标注含 80% 的棉，实际上棉的含量只有 20%，有的甚至不含棉。

全球的焦虑

谈到全球顶级品牌，估计很少人会将它们与质量差挂上钩。但是2007年上海市工商局对香奈尔、巴宝莉、迪奥、阿玛尼等国际顶级品牌服装进行了抽样检查，结果合格率只有57.6%。

被检查出的不合格产品一览表

品牌	问题
飒拉（ZARA）裙子	甲醛含量超标2倍多
香奈尔（CHANEL）真丝套装	pH值超标
芒果（MNG）大衣	pH值超标
博格西尼休闲裤	染色牢度差
巴宝莉（BURBERRY）便裤	染色牢度差
阿玛尼（ARMANI）皮衣	染色牢度差
迪奥（Dior）皮衣	染色牢度差
雅格狮丹（Aquascutum）皮衣	染色牢度差
Polo Ralph Lauren 羊皮绒面革男装	染色牢度差
芒果（MNG）大衣	面料标示作假

据了解，此次被抽查的产品销售价格都在千元以上，最高的达6万元。其中ZARA的一款裙子被检测出甲醛含量超标2倍多，香奈尔的一款真丝套装和芒果的一款大衣被检测出pH值超标等。专家表示，长期穿着以上这些服装可能会引发呼吸道炎症和皮肤炎症。

另外，博格西尼、巴宝莉、阿玛尼、迪奥、雅格狮丹以及POLO的几款裤子和皮衣染色牢度较差，染料可能转移到人体皮肤，引发病变。还有一些品牌标示模糊，弄虚作假，比如芒果的一款大衣标称含羊绒量达到20%，实测仅为1.7%。

全球的顶级品牌尚且如此，更不用说其他那些没有质量保证的服装商品了。服装污染的现状可见一斑。

● 绿色追问——服装污染 ●

衣食住行，以衣为先。衣服既是人体适应自然变化的"第二皮肤"，又是维护生存健康的"第一护卫"，其安全、卫生和舒适的重要性不言而喻。

服装在整个生产过程中受污染的机会很多，例如棉、麻等服装原料，在种植过程中为了控制病害虫及杂草的侵蚀，确保其产量和质量，需大量使用杀虫剂、化肥和除草剂等，导致农药残留于棉花、麻纤维之中。尽管制成服装后农残量甚微，但经常与皮肤接触也会对人体造成伤害。

此外，纺织原料在储存时，要使用防腐剂、防霉剂、防蛀剂，此类化学物质残留在服装上，会导致皮肤过敏和呼吸道疾症，甚至诱发癌症。在织布过程中使用的氧化剂、催化剂、去污剂、增白荧光剂等化学物质，使面料污染难以避免，而印染环节的污染最为严重。色彩斑斓的面料，固然满足了人们的视觉感观追求，但印染中使用的偶氮染料能诱发癌变，甲醛、卤化物载体、重金属也成了健康杀手。客观地说，服装污染与室内装修污染不能同日而语，但由于其与人体直接接触，日积月累其危害也不可小觑。

引起服装衣物污染问题的主要是以下几个方面：一是人体的分泌物如汗、油脂等的内部污染；二是外界环境对衣物的污染，如油污和灰尘等；三是衣物在生产过程中所使用的纺织材料和化学加工剂对服装的污染；四是衣物洗涤时产生的污染，主要是干洗所引起的污染问题。

外界环境对衣物的污染

城市中由于汽车尾气排放，使道路上含有大量的一氧化碳、臭氧化合物、二氧化硫、氮氧化合物、二氧化碳、铅化合物和油雾，高峰期间含铅废气笼罩着整个街道。此外还有大量灰尘，尘埃微粒上吸附有大量的病毒和细菌。人行走在道路上，服装极易沾染上这些污染物，进而对人的皮肤、身体造成危害。另外，若在污染较严重的环境工作，把工作服穿回家，则可能对家庭造成污染。

纺织材料产生的污染

1. 纺织材料对人体的危害

纺织材料对人体可能造成的危害主要是织物纤维化学性质对皮肤的刺激。纤维对皮肤的化学刺激以合成纤维最为明显，主要表现在纤维制造过程中使用的化合物，如人造丝的 $NaOH$、CS_2、H_2SO_4、Na_2SO_4 等；醋酸纤维的 CH_3COOH、H_2SO_4、CH_3COCH_3 等；尼龙的 C_6H_6、NH_3、CH_3OH、C_6H_5OH 等，这些化合物通过与皮肤的直接接触或通过皮肤的微弱呼吸作用，对人体表皮产生影响，甚至导致炎症。有些人在夏天穿化纤衣服会引起皮炎便是这样产生的。

2. 纺织品化学加工剂对人体的危害

纺织品化学加工剂主要包括织物染料、各种整理剂、添加剂等，这些化学物质对皮肤均有刺激作用。服装在储藏过程中防蛀、防霉所放的防虫剂和消毒剂对皮肤也有刺激作用。

（1）染料对皮肤的刺激

服装染料大多具有偶氮或蒽醌类结构，会对皮肤产生一次性化学刺激，引发皮炎。其他结构如喹啉类的还原染料及酸性染料也会对皮肤产生刺激和过敏作用。染料引起的皮炎发作时间最短 4 个小时，最长 6 天。停止穿用该衣物后，症状一般会逐渐消失。

（2）整理剂对皮肤的刺激

服装整理剂包括多种，如为了防止缩水使用的甲醛树脂、为了增白采用的荧光增白剂、为了挺括作上浆处理等，这些整理剂所含化学物质对皮肤均有刺激作用。

衣服洗涤产生的污染

由于许多洗涤剂中含有过敏性镍元素，衣物洗涤时，若洗涤剂使用不当或漂洗不净会引起表皮发炎，对婴幼儿尤为明显。

衣物干洗时所使用的溶剂和干洗油也会对人体产生不利影响。干洗所用溶剂大多是一种高氧化物的化学品，这种化学品对人体的神经系统和肾脏系统影响较大。在干洗过程中，这种化学品被衣服纤维吸附，待衣服干燥时从衣物内释放到空气中，从而影响人体，对儿童影响更大。从干洗店刚取出的衣物不应马上放入衣柜中，因为衣柜内空气不流通，干洗的衣服散发出的化学品会充满衣柜，从而污染其他衣物。应该挂在通风处，让衣服中释放出的化学品随风飘散，当闻不到气味时，再存放到衣柜中或穿在身上。另外，干洗衣服所用的干洗油中也含有对人体不利的物质。目前干洗油普遍采用的是一种叫做全氯乙烯的有机物，人过量吸入该物质会影响神经中枢，引起呼吸困难和心脏跳动不规则，还有可能导致癌症。由于干洗油现在还没有替代品，所以只能从防止干洗机漏干洗油着手，禁止使用容易泄露干洗油的洗衣机。

关注与行动

近年来世界发达国家对染料进行了严格的限制，在与皮肤直接接触的纺织品中，禁止使用芳香胺类的有机染料，并严禁此类产品进口、销售。欧盟国家（尤其是德国）、美国、日本已相继立法，对进入本国市场的纺织品和服装实行"环保认证"，并进行有害物质的检测，对服装的生产环境（ISO14000环境管理体系标准）和对人体的影响都作出新要求。例如：服装洗涤后不能褪色；服饰配件不能含有铅、汞、镍等对人体有害的重金属，应采用不锈合金加工；改变传统电镀的方法，避免产生有害残余物质；纽扣应采用再生玻璃、果壳及动物骨壳等加工，这些再生物既有利于环保又可以降低消耗。目前，已有30多个国家和地区建立了环境标志计划，从20世纪90年代至今，绿色服装已成为欧美服装销售的基本条件。环保服装在国际市场十分盛行，使得许多科技发达的国家纷纷投身研制环保和功能型服装，而环境标志更成为服装进入国际市场的通行证。

绿色小贴士：购买服装时的注意事项

（1）购买免烫服饰时，若衣服的味道让眼、鼻、咽喉部有轻度烧灼感，这样的衣服大多甲醛含量超标，不能购买。

（2）一般来说，浅色服装比深色的更环保。因为浅色服装的面料在生产过程中被污染的机会较少，特别是贴身的内衣。从健康角度来说，更应该选用浅色的。

（3）选购童装时最好选择小图案浅色的童装，而且图案上的印花

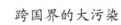
不要很硬。特别是一些婴幼儿爱咬嚼衣服，染料及化学制剂会因此进入孩子体内，损伤身体。

（4）刚买回来的免烫衣服，不要立即挂入衣柜中，最好先用清水进行充分漂洗后再穿，降低服装中的甲醛含量。

（5）不穿时，应把免烫衣服挂在通风处，尤其是不要长期穿着免烫衣服。在倡导绿色环保、健康消费的今天，要大力提倡购买生态纺织品及绿色环保服装，这样才能让自己真正穿出健康，穿出美丽。

（6）选购服装的时候可以选择没有衬里的。西服套装等必须有衬里的产品，可选择无粘衬技术。

（7）很多人喜欢买外贸服装，但在购买的时候要小心，不要买回因为环保原因被退货的产品。

（8）通过绿色环保认证的服装挂有一次性激光全息防伪标志，可用激光笔照射，在任何角度都可以看到10个环。

（9）穿上新衣饰后，如出现皮肤瘙痒、接触性皮炎等皮肤过敏反应，或情绪不安、饮食不佳、连续咳嗽等症状时，要考虑是否衣物不适所致，尽快到医院诊治。

二噁英，餐桌上的"黑客"

　　1999 年 2 月，比利时养鸡业者发现饲养母鸡产蛋率下降，蛋壳坚硬，肉鸡出现病态反应，因而怀疑饲料有问题。据初步调查，发现荷兰 3 家饲料原料供应厂商提供了含二噁英成分的脂肪给比利时的韦尔克斯特饲料厂，该饲料厂 1999 年 1 月 15 日以来，误把上述含二噁英的脂肪混搀在饲料中出售。据悉，被查出的该饲料厂生产的含高浓度二噁英成分的饲料已售给超过 1500 家养殖场，其中包括比利时的 400 多家养鸡场和 500 余家养猪场，并已输往德国、法国、荷兰等国。比利时其他畜禽类养殖业也不能排除使用该饲料的可能性。比利时的调查结果显示，有的鸡体内二噁英含量高于正常限值的 1000 倍，危害极大。6 月 3 日，比政府再次宣布，由于不少养猪和养牛场也使用了受到污染的饲料，全国的屠宰场一律停止屠宰，等待对可疑饲养场进行甄别，并决定销毁 1999 年 1 月 15 日至 1999 年 6 月 1 日生产的蛋禽及其加工制成品。

　　比利时"二噁英污染鸡事件"在世界上掀起了轩然大波。欧盟委员会指责比利时"知情不报，拖延处理"，并决定在欧盟 15 国停止出售、并收回和销毁比利时生产的肉鸡、鸡蛋和蛋禽制品。美国决定全面封杀欧盟 15 国的肉品，法国决定全面禁止比利时肉类、乳制品和相关加工产品进口。

　　迫于强大的国际和国内的压力，比利时卫生部和农业部部长相继被迫辞职，并最终导致内阁的集体辞职。据统计，该事件共造成直接损失 3.55 亿欧元，间接损失超过 10 亿欧元，对比利时出口的长远影响可能高达 200 亿欧元。

 ## 全球的焦虑

俗话说，"民以食为天"。然而现在我们不得不对餐桌上的食物发出怀疑的目光。因为食品由于污染，已经逐渐远离了营养美味这些因素，而是跟有毒、劣质、危险这样的字眼联系到了一起。

日本米糠油事件

1968 年 3 月，日本的九州、四国等地区的几十万只鸡突然死亡。经调查，发现是饲料中毒，但因当时没有弄清毒物的来源，也就没有对此进行追究。然而，事情并没有就此完结，当年 6～10 月，有 4 家 13 人因患原因不明的皮肤病到九州大学附属医院就诊，患者初期症状为痤疮样皮疹，指甲发黑，皮肤色素沉着，眼结膜充血等。此后 3 个月内，又确诊了 112 个家庭 325 名患者，之后在全国各地仍不断出现。至 1977 年，因此病死亡人数达 30 余人，1978 年，确诊患者累计达 1684 人。

这一事件引起了日本卫生部门的重视，通过尸体解剖，在死者五脏和皮下脂肪中发现了多氯联苯，这是一种化学性质极为稳定的脂溶性化合物，可以通过食物链而富集于动物体内。多氯联苯被人畜食用后，多积蓄在肝脏等多脂肪的组织中，损害皮肤和肝脏，引起中毒。初期症状为眼皮肿胀，手掌出汗，全身起红疹，其后症状转为肝功能下降，全身肌肉疼痛，咳嗽不止，重者发生急性肝坏死、肝昏迷等，以至死亡。

专家从病症的家族多发性了解到食用油的使用情况，怀疑与米糠油有关。经过对患者共同食用的米糠油进行追踪调查，发现九州一个食用油厂在生产米糠油时，因管理不善，操作失误，致使米糠油中混入了在脱臭工艺中使用的热载体多氯联苯，造成食物油污染。由于被污染了的米糠油中的黑油被用做了饲料，还造成数 10 万只家禽的死亡。这一事件的发生在当时震惊了世界。

英国爆发疯牛病

1986 年 10 月，在英国东南部的一个小镇上，出现了一头奇怪的病牛。这头牛初发病时无精打采，随后出现烦躁不安，站立不稳，步履跟跄，动作不能保持平衡的现象，最后口吐白沫，倒地不起。经过有权威的兽医的诊断，确诊这头牛得的是疯牛病。疯牛病的直接起因是饲料，牛畜产业主们为了加速牛的催肥和产奶，在饲料中添加了动物内脏和动物骨粉，而患有疯牛病的病畜体亦被接入其中。牛在食用了这种添加剂后，便受到了感染。这是英国第一次出现疯牛病，自此，疯牛病便恶作剧般在整个英国蔓延开来。

1992 年，疯牛病像瘟疫般在英国流传，至 1997 年初，英国有 37 万头牛染上了疯牛病，16.5 万头牛因病死亡。仅 1996 年，英国政府为养牛户所支付的赔偿费就达 8.5 亿英镑。不仅如此，不久又发现疯牛病危及到了人类，一些人食用了患有疯牛病牛的肉而患上与疯牛病同症状的病，被称为"新克雅氏病"（CJD），又叫"人疯牛病"。患CJD 的病人大脑组织充满细小的空洞，因而该病又被称为海绵状脑病。此病可导致大脑损害，人变得痴呆、震颤并最后因大脑破坏严重而死亡。

这一事件迫使欧盟决定禁止英国向欧盟和其他国家出口活牛、牛肉及牛制品，要求英国将 30 个月以上的肉牛全部杀掉并安全销毁。这一举措又使英国每年损失掉 40 亿英镑。在短短的几年时间里，疯牛病使英国的牛畜产业再三衰竭，溃败得几乎家丁无几。时至今日，疯牛病事件依然余波未平。

苏丹红事件

"苏丹红 1 号"是一种红色染料，用于为溶剂、油、蜡、汽油增色以及鞋、地板等的增光。研究表明，"苏丹红 1 号"具有致癌性。中国和欧盟都禁止将其用于食品添加剂。

2004 年英国在美国第一食品公司出品的伍斯特调味酱（Worcester sauce）中查处了其中含有"苏丹红 1 号"成分。2005 年 2 月 18 日，英国食品标准管理局宣布收回受非法致癌工业染料"苏丹 1 号"污染的 359 种食品。随即我国国家质量监督检验检疫总局发出紧急通知，在全国展开对含有苏丹红食品的抽查行动。不久后北京在亨氏公司生产的"美味源"牌金唛桂林辣椒酱中检出"苏丹红 1 号"。2005 年 3 月 15 日，上海市相关部门在对肯德基多家餐厅进行抽检时，发现新奥尔良鸡翅和新奥尔良鸡腿堡调料中含有"苏丹红 1 号"成分。两天后北京市食品安全办紧急宣布，该市有关部门在肯德基的原料辣腌泡粉中检出可能致癌的"苏丹红 1 号"，这一原料主要用在"香辣鸡腿堡"、"辣鸡翅"和"劲爆鸡米花"三种产品中。

2006 年 11 月，中央电视台在《每周质量报告》中又报道了河北石家庄的部分养鸭场，使用含有工业染料"苏丹红 4 号"的所谓"红药"，添加到饲料中喂鸭子，使得鸭子产下含有苏丹红的"红心鸭蛋"。然后通过厂家直销点或者商贸公司进入北京的一些批发市场和超市销售，最终摆到消费者的餐桌上。另据《每周质量报告》2006年12月的报道，西安市在市场上发现生产含有"苏丹红4号"辣椒面的工厂，日产量达两三千斤（1斤＝500克）以上，分别被销往西北地区，以及四川、湖南、山东和北京等省市。

● 绿色追问——食品污染 ●

　　食品是构成人类生命和健康的三大要素之一。食品一旦受污染，就要危害人类的健康。食品污染是指食品及其原料在生产和加工过程中，因农药、废水、污水各种食品添加剂及病虫害和家畜疫病所引起的污染，以及霉菌毒素引起的食品霉变，运输、包装材料中有毒材料等造成污染的总称。

　　食物污染可分为生物污染和化学性污染两大类。生物性污染是指有害的病毒、细菌、真菌，以及寄生虫污染食品。化学性污染是由有害有毒的化学物质污染食品引起的。随着社会城市化的发展，许多粮食、蔬菜、果品和肉类，都要经过长途运输或储存，或者经过多次加工才送到人们面前。在这些食品的运输、储存和加工过程中，人们常常往食品中投放各种添加剂，如防腐剂、杀菌剂、漂白剂、抗氧化剂、甜味剂、调味剂、着色剂等，其中不少添加剂具有一定的毒性。

这些看上去新鲜的蔬菜，是安全的吗？

食品污染是危害人们健康的大问题。防止食品的污染，除了个人要注意饮食卫生外，还需要全社会各个部门的共同努力。

污染物质小档案

二噁英

二噁英（Dioxin）是多氯二苯并二噁英和多氯二苯并呋喃的统称，其正式名称为聚氯化二苯二噁英。共有 210 个同族体，其中几个被公认为毒性最强，其毒性相当于剧毒化合物氰化钾的 50～100 倍，有强致癌性、生殖毒性、内分泌毒性和免疫毒性效应。

二噁英既可以通过饮食从消化道进入人体，也可以从呼吸道和皮肤进入机体。一滴二噁英可以杀死 1000 人。二噁英进入人体后，可使男子精子数量减少，睾丸癌和前列腺癌患病率增加；女性子宫内膜症患病率增加；引发特异反应性皮炎；破坏甲状腺功能与免疫系统；导致智能低下，严重影响健康。

苏丹红

苏丹红有 1、2、3、4 号四种。"苏丹红 1 号"是一种红色染料，用于为溶剂、油、蜡、汽油增色以及鞋、地板等的增光。"苏丹红 1 号"具有致癌性，会导致鼠类患癌，它在人类肝细胞研究中也显现出可能致癌的特性。由于这种被当成食用色素的染色剂只会缓慢影响食用者的健康，并不会快速致病，因此隐蔽性很强。长期食用含苏丹红的食品，可能会使肝部 DNA 结构变化，导致肝部病症。

三聚氰胺

三聚氰胺是一种重要的有机化工中间产品，主要用来制作三聚氰胺树脂，具有优良的耐水性、耐热性、耐电弧性、优良阻燃性。可用于装饰板的制作，用于氨基塑料、黏合剂、涂料、币纸增强剂、纺织助剂等。

实验证明，动物长期摄入三聚氰胺会造成生殖、泌尿系统的损害，膀胱、肾部结石，并可进一步诱发膀胱癌。

 关注与行动

针对食品污染现状，欧美国家强调从"农田到餐桌"的全过程安全监控，在食品安全监管模式上，逐步趋向于统一管理、协调高效；在管理手段上，逐步采用风险分析作为食品安全监管的基本模式。其特点主要表现在以下几个方面：

1. 职能集中、分品种管理

为提高食品安全监管的效率，欧美发达国家纷纷将食品安全监管职能集中到一个或少数几个部门，并加大部门间的协调力度，实现权责相对集中。欧盟委员会于2002年初正式成立了欧盟食品安全管理局（EFSA），对欧盟内部所有与食品安全相关的事务进行统一管理。在EFSA督导下，一些欧盟成员国对原有监管体制进行了调整，将食品安全监管职能集中到一个部门。德国将原食品、农业和林业部改组为消费者保护、食品和农业部，接管了卫生部的消费者保护和经济技术部的消费者政策制定的职能，对全国的食品安全统一监管。丹麦通过持续改革，将原来担负食品安全管理职能的农业部、渔业部、食品部合并为食品和农业渔业部，形成了全国范围内食品安全的统一管理机构。法国新设食品安全评价中心，荷兰成立国家食品局，以实现对全

危险的生活

·121·

国食品安全的统一监管。美国政府成立"总统食品安全管理委员会"，成员包括农业部、商业部、卫生部、管理与预算办公室、环境保护局、科学与技术政策办公室等有关职能部门；各部门职能互不交叉，每个部门负责一种或数种产品的全部监管工作，并在委员会的统一协调下实现对食品安全工作的一体化管理。

2. 法规完善、标准严格

发达国家大多建立了涵盖所有食品类别和食品链各环节的法律体系。从 1906 年美国第一部与食品有关的法规——《食品和药品法》开始，美国政府先后制定和修订了 35 部与食品安全有关的法规。食品安全法令规定了明确的标准和监管程序，如联邦食品、药品和化妆品法对掺假食品、错贴标签的食品、紧急状态下食品的控制、发生争议时的司法复议等内容都做出了详细规定。政府在食品安全监管中的首要职能是制定食品安全标准并予以强制执行。欧盟为统一并协调内部食品安全监管规则，30 年来陆续制定了通用食品法、食品卫生法等 20 多部法规。2000 年初，欧盟发表了食品安全白皮书，包括食品安全政策体系、食品法规框架、食品管理体制、食品安全国际合作等内容，是欧盟完善食品安全法规体系和管理机构的指导性文件。

3. 源头抓起，全程监管

发达国家在长期食品卫生安全监管中探索出源头抓起、全程监管的做法。监管环节包括生产、收获、加工、包装、运输、贮藏和销售等；监管对象包括化肥、农药、饲料、包装材料、运输工具、食品标签等。目前，发达国家已建立的食品安全控制体系中，最典型的就是在食品生产企业中广泛实施的"通用良好生产规范"（GMP）

和"危害分析和关键控制体系"（HACCP）。欧盟要求农民或养殖企业对饲养牲畜的详细过程进行记录，包括饲料的种类及来源、牲畜患病情况、使用兽药的种类及来源等信息。屠宰加工场收购活体牲畜，养殖方必须提供上述信息的记录。屠宰后被分割的牲畜肉块，也必须有强制性的标志，内容包括可追溯号、出生地、屠宰场批号、分割厂批号等。

4. 质量认证、追根溯源

发达国家通过实行认证制度、食品溯源管理制度和食品标签管理制度保证食品的卫生安全。1987 年，国际标准化组织（ISO）发布了ISO9000 质量管理和质量保证系列标准，2005 年 ISO 又发布了食品安全管理体系标准 ISO22000。这是针对整个食物链进行全程监管的国际统一食品卫生安全管理体系，为食品卫生安全管理提供了新的依据和方式。食品溯源制度是食品卫生安全管理的一个重要手段。它利用现代化信息管理技术给每件商品标上号码、保存相关的管理记录，从而进行追踪溯源。一旦在市场上发现危害消费者健康的食品，就可根据标记将其从该市场中撤出。发达国家普遍实行了严格的标签管理制度。美国是世界上食品标签法规最完备和管理最严格的国家，从 1994年 5 月起实施《食品标签法》，规定对所有的预包装食品必须实行强制性标签。从 1988 年开始实行环境标志制度，有 36 个州联合立法，在塑料制品、包装袋、容器上使用绿色标志。2006 年 3 月 8 日，美国众议院通过了《全国统一食品安全标签法》，使 50 个州的包装食品安全条例一致，并统一监管。

5. 加强检测，市场召回

世界各国特别是欧美等发达国家非常重视食品卫生安全检测体

系的建设，并通过检测体系进行食品质量与卫生安全的监管。美国农业部根据农产品市场准入和市场监管的需要，建有分农产品品种的全国性专业检测机构和分区域的农产品质量监测机构。各州也建有州级农产品质量监测机构，主要负责农产品生产过程中的质量安全和产地质量安全。欧盟由农业行政主管部门按行政区划和动物性食品种类设立全国性、综合性和专业性检测机构来负责执行监督检验。日本由农林水产省授权的第三方检测机构对农产品进行检测。美国召回制度在政府行政部门的主导下进行，食品召回分为三级：第一级是最严重的，消费者食用了这类产品将肯定危害身体健康甚至导致死亡；第二级是危害较轻的，消费者食用后可能不利于身体健康；第三级是一般不会有危害的，消费者食用这类食品不会引起任何不利于健康的后果，比如贴错标签、标志有错误或未能充分反映产品内容等。

6. 预防为主、风险管理

欧美国家十分重视食品安全管理方面的预防措施，并以科学的危害分析作为制定食品安全政策的基础。HACCP 体系作为世界公认的行之有效的食品安全质量保证系统，在欧美等国家和地区的食品生产加工企业中得到广泛应用。HACCP 体系的目标在于有效预防和控制可能存在的食品安全隐患，通过对食品生产的整个过程进行分析，找出对食品安全有影响的环节，确定关键性的控制点，并为每个关键点确定衡量限制和监控程序，在生产中对关键点严密监控，一旦出现问题，马上采取纠正和控制措施消除隐患。美国食品安全责任主体明确，企业作为当事人对食品安全负主要责任。企业应根据食品安全法规的要求来生产食品，确保其生产、销售的食品符合安全卫生标准。政府的作用是制定合适的标准，监督企业按照这些标准和食品安全法规进行食品生产，最大限度地减少食品安全风险，并在必要时采取制裁措施。违法者不仅要承担对于受害者的民事赔偿责任，而且还要受到行政乃至刑事制裁。

我国也在不断借鉴发达国家的经验，并且在考虑我国国情现状的情况下，对从政府主管、法律约束、食品召回、检验检测、信用监督、宣传教育等方面对食品污染问题采取措施，保证广大人民的食品安全。

家，充满危险的港湾？

2001 年 2 月 10 日，中国室内装饰协会室内环境检测中心的值班人员接待了一对夫妇，这对夫妇来自北京市朝阳区大屯的一个小区，带来了两种石材请检测中心专家进行检测，检测中心值班专家一看，大吃一惊，原来带来的石材是放射性极高的杜鹃红，从室内环境检测中心的检测看，放射性物质超过国家标准 C 类以上，根本不能用在建筑物上。随后，检测人员又对他们家庭室内空气中的氡进行了 24 小时连续监测，结果发现室内空气中氡含量也超过国家标准，是北京地区家庭室内空气中氡含量最高的。可是就是这些人们健康的杀手，1996 年就大面积进入了他们的家庭！

在中国消费者协会公布的北京、杭州两地抽样调查测试表明，在城市家庭室内污染严重的样本中，有害气体和放射性污染现象均有发现。如引起人们眼、鼻、喉等器官刺激并可能导致鼻咽癌的物质甲醛，其超标严重的样本大多存在大量使用人造板材——大芯板打造家具的家庭，而且室内打造家具过多过密，选择的大芯板价格低廉。而可能导致头痛、乏力、记忆衰退等症状的 TVOC（总挥发性有机物）过量的家庭，主要是使用了劣质涂料、油漆、板材等。此外，由于使用含铀高的花岗岩等不合格石材、室内天然气燃烧通风不好等原因，造成室内可致肺癌放射性气体氡超标现象也不容忽视。这一情况在新近装修的家庭中尤为普遍。

舒适的家也可能存在看不见的危险

 # 全球的焦虑

2004 年，美国职业安全和健康研究所调查了 11039 名曾在甲醛超标环境中工作 3 个月以上的工人，发现有 15 名死于白血病，美国国立癌症研究所调查了 25019 名工人，发现有 69 名死于白血病，死亡比例略高于普通人群，相对危险度随着甲醛浓度的增高而增加，所以推测甲醛可能与白血病发生有关，认为甲醛可能引发白血病。

从 20 世纪 60 年代末首次发现室内氡的危害至今，科学研究发现，氡对人体的辐射伤害占人体所受到的全部环境辐射的 55% 以上，对人体健康威胁极大，其发病潜伏期大多都在 15 年以上。美国科学院在 1998 年发表的室内氡照射的健康影响报告估计，美国每年有 5000 人死于由氡引起的肺癌，氡在美国是引起肺癌的第二大因素。因此，氡以被国际癌症研究记过列入室内重要致癌物质，必须引起我们的注意。

尤其需要注意的是，室内装修污染对儿童健康的危害更加不容忽视。一方面，因为儿童的身体正在成长中，呼吸量按体重比比成人高50%。另一方面，儿童有80%的时间是生活在室内。从美国专家对由室内空气污染造成的哮喘病调查中可以看到，在美国儿童中，患哮喘病的占美国总人口的12.4%。此病影响到每个年龄段的儿童，65%的儿童不同程度地患有哮喘。世界卫生组织宣布：全世界每年有10万人因为室内空气污染而死于哮喘病，而其中35%为儿童。据统计，我国儿童哮喘患病率为2%~5%，其中1~5岁儿童患病率高达85%！

2001年，英国投资1500万英镑进行的"全球环境变化问题"研究小组，在总结各国科学家的研究报告，进行了大量调查分析之后，公布了一个令人震惊的结论：环境污染使人类特别是儿童的智力大大降低！参与研究的伦敦大学教育研究所的威廉斯博士说："这个结果超出了人们以前的估计，人类的大脑在被人类自己的行为来损坏。"

● 绿色追问——装修污染 ●

装修污染，指装饰材料、家具等含有的对人体有害的物质，释放到家居、办公环境中造成的污染。室内环境污染的来源很多，其中有相当一部分是由于装修过程中所使用的材料不当造成的，包括甲醛、苯、氡等挥发性有机物气体。

常见装修污染简介及危害

1. 甲醛

甲醛是一种无色、有强烈刺激性气味的气体。甲醛为较高的毒性物质，主要刺激人的呼吸系统，使人的眼睛、喉咙有刺激性感觉，重者可引起呼吸系统的病变甚至癌症，对皮肤过敏者可诱发皮疹等。在我国有毒化学品优先控制名单上甲醛高居第二位，甲醛已经被世界卫生组织确定为致癌和致畸形物质。居室内的甲醛主来源为：装饰装修用的各种人造板材、复合地板、家具、地毯、胶黏剂及用甲醛做防腐剂的涂料等，甲醛的挥发比较慢，据统计数据表明，新装修的房屋内90%以上存在甲醛超标的问题，所以一般甲醛也是居室污染必测项目之一。目前我国甲醛浓度标准为Ⅰ类民用建筑工程0.08毫克/立方米，Ⅱ类民用建筑工程0.12毫克/立方米。

2. 苯及苯系物

苯是无色具有特殊芳香味的液体，沸点为80.1℃，甲苯、二甲苯属于苯的同系物，都是煤焦油分馏或石油的裂解产物。苯主要抑制人体造血功能，使红血球、白血球、血小板减少，是白血病的一个诱因，另外还可出现中枢神经系统麻醉，有头晕、头痛、恶心、胸闷等感觉，严重者可致人昏迷以致呼吸、循环衰竭而死亡。室内空气中的苯主要来自装饰装修中使用油漆、涂料、胶黏剂、防水材料及各种油漆涂料的添加剂和稀释剂等，但一般苯及苯系物挥发的较快，注意通风一两个月，一般都可将苯的污染排除，大家可以根据自身情况选择性检测，建议新装修的住房最好进行检测。我国苯浓度标准为Ⅰ类民用建筑工程0.09毫克/立方米，Ⅱ类民用建筑工程0.09毫克/立方米。

3. 氡

氡气是由镭衰变产生的天然放射性惰性气体，它没有颜色，也没有任何气味，氡气是世界卫生组织确认的主要环境致癌物之一，是除吸烟以外引起肺癌的第二大因素。80%的氡来自地基、土壤，室内氡浓度水平高低主要取决于房屋地基地质结构的放射性物质含量和建筑材料中镭的含量高低及房屋密封性等多种因素的影响。我国不属于高氡国家，但以下情况应当重点进行室内氡浓度的检测：用作工作或居住的地下室、别墅、封闭性较强的建筑、使用矿渣水泥和灰渣砖的建筑。我国氡浓度标准为Ⅰ类民用建筑工程 200 贝可/立方米，Ⅱ类民用建筑工程 400 贝可/立方米。

4．TVOC

TVOC 是总挥发性有机物的英文缩写，是指可以在空气中挥发的有机化合物，氨、苯及甲苯、二甲苯等都属于 TVOC 范畴。暴露在高浓度 TVOC 污染的环境中，可导致人体的中枢神经系统、肝、肾和血液中毒，通常症状是：眼睛、喉部不适，感到浑身赤热，眩晕疲倦、烦躁等。室内装修所用的人造板、泡沫隔热材料、塑料板材、油漆、涂料、黏合剂、壁纸、地毯等都容易产生 TVOC。在《民用建筑污染控制规范》中，TVOC 已经被划入房屋竣工后室内空气验收的必测项目。我国标准中规定的 TVOC 含量为Ⅰ类民用建筑工程 0.5 毫克/立方米、Ⅱ类民用建筑工程 0.6 毫克/立方米。

5．氨

氨也是一种无色，有强烈刺激性气味的气体，氨气可引起眼睛和皮肤的烧灼感。在居住环境中接触氨，可造成呼吸道、眼睛的刺激。有胸闷、咽干、咽痛、味觉及嗅觉减退、头痛、头昏、厌食、疲劳等感觉。部分人还出现面部皮肤色素沉着、手指有溃疡等反应。室内空气中氨污染主要形成的原因是由于冬季施工时，建筑物的混凝土及涂料中使用了含有尿素和氨水的防冻剂，这些含有大量氨类物质的外加剂在墙体中随着温湿度等环境因素的变化而还原成氨气从墙体中缓慢释放出来，污染室内空气。如果您的房屋不是冬季施工，或施工中没有使用含尿素的防冻剂，则居室内不会有氨气的污染。所以此项目不是必测项目。我国氨浓度标准为Ⅰ类民用建筑工程0.2毫克/立方米，Ⅱ类民用建筑工程0.5毫克/立方米。

6. 石材放射性

装修中使用的花岗岩、大理石、瓷砖等都具有放射性。很多人认为石材颜色越深，其放射性越高，其实这是一种错误的理解地在石材中，红色、绿色和花斑系列等花岗岩类放射性活度偏高（如杜鹃红、印度红等）。大理石类、绝大多数的板石类，暗色系列（包括黑色、蓝色和暗色中的棕色）和灰色系列的花岗岩类，放射性活度较低（如蒙古黑、西班牙米黄等）。我国对石材放射性分为A、B、C三类标准，只要符合A类标准的就可以放心地在居室内使用。

关注与行动

为了保证人民身体健康与安全，各国对装修污染的危害已经引起重视。我国对于有害物质有严格的限制，建材有《十项有害物质限量标准》约束，而装修方面，在家装合同里面，已经把室内空气是否合格作为评价装修质量是否合格的一部分，以保证业主的健康利益。

对于家装污染中普遍存在的甲醛危害，我国发布有如下检测标准：①中华人民共和国国家标准《居室空气中甲醛的卫生标准》规定：居室空气中甲醛的最高容许浓度为0.08毫克/立方米。②中华人民共和国国家标准《实木复合地板》规定：A类实木复合地板甲醛释放量小于和等于9毫克/100克；B类实木复合地板甲醛释放量等于9毫克/100克～40毫克/100克。③《国家环境标志产品技术要求——

人造木质板材》规定：人造板材中甲醛释放量应小于 0.20 毫克/立方米；木地板中甲醛释放量应小于 0.12 毫克/立方米。

到目前为止，世界上已有 20 多个国家和地区制定了室内氡浓度控制标准。瑞典是一个室内氡浓度较高的国家，早在 1979 年瑞典就成立了国家氡委员会，经过 20 多年的努力，对所有建筑进行了监测并对每所房屋建立了氡的档案。1987 年氡被国际癌症研究机构列入室内重要致癌物质。1990 年美国开始举办国家氡行动周，以便让更多的人了解氡的危害，使更多的家庭接受氡的测试，对发现高氡建筑物采取防护措施。1996 年，我国技术监督局和卫生部就颁布了《住房内氡浓度控制标准》，规定新建的建筑物中每立方米空气中氡浓度的上限值为 100 贝可，已使用的旧建筑物中每立方米空气中氡的浓度为 200 贝可；随后又颁布了《地下建筑氡及其子体控制标准》和《地热水应用中的放射性防护标准》，提出了严格的控制标准。并有卫生部、国土资源部等部门成立了氡检测和防治领导小组。

环保小贴士——家庭清除装修污染的办法

1. 竹炭、活性炭吸附法

竹炭、活性炭是国际公认的吸毒能手，活性炭口罩，防毒面具都使用活性炭。竹炭是近几年才发现的一种比一般木炭吸附能力强 2～3 倍的吸附有害物质的新型环保材料。竹炭具有物理吸附，吸附彻底，不易造成二次污染的优点。

炭包对于吸附异味很有效

2．通风法去除装修污染

通过室内空气的流通，可以降低室内空气中有害物质的含量，从而减少此类物质对人体的危害。冬天，人们常常紧闭门窗，室内外空气不能流通，不仅室内空气中甲醛的含量会增加，氡气也会不断积累，甚至达到很高的浓度。

3．植物除味法

中低度污染可选择植物去污：一般室内环境污染在轻度和中度污染、污染值在国家标准 3 倍以下的环境，采用植物净化能达到比较好的效果。

根据房间的不同功能、面积的大小选择和摆放植物。一般情况下，10 平方米左右的房间，1.5 米高的植物放两盆比较合适。

另外还包括化学除味法和纯中草药喷剂消除法等等。大家需要注意的是，甲醛去除是一个缓慢的过程（家庭装修中的甲醛释放周期一般是 3～15 年）。人体接触可以清水冲洗。工作环境中有甲醛可以戴防毒口罩。尽量遵循简单就是美的原则进行装修，不要在家居环境中使用太多的装饰。

"致命"的新车

　　2002 年 8 月 5 日，北京丰台区的朱女士买了一辆小奥拓，同年 9 月，她发现自己身上有大量出血点，后被确诊患上重症再生障碍性贫血。2003 年 3 月 25 日，朱女士因治疗无效病逝。2003 年 7 月，朱女士的丈夫李先生看到一篇介绍苯中毒的文章，得知苯中毒可以导致重症再生障碍性贫血急性发作。第二天，李先生把买了不到一年的奥拓车送检。经中国室内装饰协会室内环境监测中心检测，证明车内空气苯含量超标。2003 年 11 月 18 日，李先生以妻子因"新车苯中毒致死"为由，将北京北方新兴长安铃木汽车销售有限责任公司和重庆长安铃木公司告上法庭。虽然经过两次开庭审理，法院都没有认定朱女士的死跟新车内的苯超量有直接关系，但是此案是奥拓车厂商自在中国销售产品以来遭遇到的第一起车内污染案。因为这一事件发生时，我国还没有针对车内空气质量检测统一标准，该案件经媒体报道，一石激起千层浪，新车车内污染问题成为社会和媒体广泛关注的话题。

　　2004 年"中国首次汽车内环境污染情况调查"北京地区调查结果，在调查的 1175 辆汽车中，发现有 93.8% 的被调查汽车存在不同程度的车内环境污染。在接受调查的新车中，有 23.4% 的车内甲醛浓度超标，有 75.1% 的车内苯浓度超标，有 81.6% 的车内甲苯超标。这结果让人担忧。对从 1994 年至 2002 年之间购置的汽车进行检测，旧车内环境污染也相当普遍，但污染物的浓度较低。

全球的焦虑

汽车车内污染已经严重威胁驾驶者的身体健康。目前，国际上已经把车内污染列为人类健康的五大危害之一，按照澳大利亚对"室内环境"的定义——"一天内度过1小时以上的非工业的室内空间"，汽车早已成为有车族的主要生活空间。然而，目前这一环境的质量问题并不乐观。

2003年美国环保局运输与空气质量评估与标准办公室在"汽车及其燃料对空气污染的控制"的长篇报告中，就曾叙述了汽车内污染的有关研究。另据环球时报消息，全球因车内污染物超标而患病人数呈逐年上升的迅猛态势，2006年数据显示全球约有1000万人是由于车内污染物超标因而患上一些诸如呼吸道系统疾病等病症；据德国媒体调查，在采访患者过程中，75%的人并不知道自己的病是由车内污染物超标引起的，这样的数据显然是令人震惊的。目前从美国到英国、到澳大利亚、新西兰以及亚洲一些国家，都在开始致力于汽车空气污染的研究。

● 绿色追问——车内污染 ●

车内污染，一个随着汽车的普及而出现的新问题。

汽车、摩托车尾气及工业废气都会向空气中排放一氧化碳、氮氧化物等有害气体，严重影响人体健康。全球20多项研究表明，在拥挤的城市街道上，车内污染物浓度水平比城市环境空气污染水平高出10

倍。即使关上车窗，关掉通风，人们还是长时间受到高浓度尾气污染物的侵害。

除此之外，车内空气污染还源于新车内装饰材料中含有的有毒气体，主要包括苯、甲醛、丙酮等有害物质，易使人出现头痛、乏力等症状。越是豪华的车越容易产生污染，其内部装饰选

看不见的车内污染

用的真皮、桃木、电镀、金属、油漆、工程塑料等如果处理不当，会辐射出有害物质。我们所熟悉的"新车味道"中充满了塑料、泡沫、胶黏剂及地毯散发出来的挥发性有机化合物及其他污染物。

此外，霉菌在汽车通风系统内长年存在。这个问题在潮湿气候条件下运行的空调中尤为突出。有的霉菌会造成哮喘、呼吸困难、记忆力及听力丧失、肺部出血等症状。

长期在有污染的环境中使用车，容易出现不良反应，如头晕、疲劳、注意力不集中、呼吸急促、鼻塞、流泪等症状，体弱者会有生命危险、妊娠期妇女长期吸入"苯"也会导致胎儿发育畸形或流产。

 关注与行动

消除车内污染的"误区"

为了清除车内的异味，许多司机在车内放空气清新剂或香水，实际上，这种做法对提高空气质量没什么实际作用。其实香水只能遮盖刺鼻的气味，无法改变有毒气体浓度，更无法消除有害影响，而且一

些低档化学性香料反而会加重污染。

还有些司机认为，用消毒液对汽车进行消毒就可以了，其实消毒液对汽车的金属部件有一定的腐蚀性，并且对空中飘浮的飞沫、细菌并没有多大作用。而臭氧消毒能彻底消除车内的细菌，不会造成二次污染，缺点是无法消灭空调蒸发器内的细菌，消毒后车内会残留异味。

消除车内污染的正确方法

首先司机行车时要注意空调蒸发器和通风管的清洁护理；在驾驶新车前 6 个月内，最好不要在行驶时紧闭车窗，以防影响身体健康和发生意外交通事故。其次要选择一些副作用小的消除污染的方法。

"光触媒"是目前较为先进的一种空气净化技术。这种产品可直接喷洒在物体表面，使用方便、消毒彻底。例如，在日本，营业用车辆每月都要进行一次消毒工作，凡是使用"光触媒"处理后的车辆，在 5 年内不必再做任何消毒工作。在日本，已有数万辆的汽车接受过"光触媒"处理。新车出厂前使用"光触媒"处理，可以有效除去新车刺鼻的味道，大大提高行车环境和驾驶感受。但是"光触媒"技术容易与塑料装饰件和皮革装饰件的表面发生氧化作用。

还有一种新产品是酶可邦抑菌除味剂，以微生物为主，以酶为辅，能迅速消除已挥发出的甲醛、苯等污染物，并有抑菌作用，无二次污染，使用半小时后，即可见效。需要注意的是，使用过程中，须保持良好通风，所配溶液要求在一周内用完。车主可以根据自己需求自行选择。

现在市面上很流行的汽车氧吧的功能就是增加空气中负离子含量，让司机头脑清醒，但无助于消除原有的污染物质。借用活性炭是一种非常优良的吸附剂，但吸附饱和后要更换，每三个月更换一次。

绿色小贴士：新车使用的注意事项

（1）新车购买后6个月内，尽量少用空调，时常开窗以加强车内通风换气。

（2）车内的饰品须严格选择，防止把含有有害物质的地胶、座套、脚垫装饰到车内。新购买的车内座套等纺织品，应先用清水漂洗以后再使用。

（3）慎用香水。目前许多香水是化学合成品，本身就具有一定的污染，要选择天然材料制作的。

（4）慎用车内空气净化器和其他净化剂，一定要注意选择有效果和副作用小的。

（5）如果车主驾驶新车发现有体征反应，比如感觉熏眼睛、呼吸受刺激，甚至头晕，建议进行车内空气质量检测，以尽快发现和清除车内污染源。

（6）体质较弱者、妇女、儿童和有过敏性体质的人，要尽量避免长时间驾驶和乘坐新车。

（7）新车原始包装必须拆除。新车通常会有一些塑料包装，应尽早去除，避免原本可以解决的污染源闷在车内"发酵"，产生空气污染。

粗糙的感觉

"夜来风雨声，花落知多少"。这是我国唐代诗人孟浩然的名句，其为人称道之处，正是源自诗人对于窗外风景的那份细腻的捕捉。但是，恐怕这样的日子大概永远随着时光的流失以及工业的发展而消失无踪了。

喧闹的声音，炫目的光彩，现代人的世界永远总是给人热闹的印象。没有宁静，没有幽暗，在这样的环境中，呈现的是一张张五光十色的面孔和标榜着科技含量的产品。

这是现代社会才会出现的污染现象，它使得我们的感觉变得粗糙无比。

"噪声" 音乐会

乐器是人类伟大的发明，无论是音域宽阔的大提琴，还是清脆婉转的手风琴，或者是美妙的钢琴小夜曲，都给我们美的享受。可是如果各种乐器齐声高奏，鼓乐喧天，"死亡金属"竭力共鸣，那又将是怎样一番可怕的情景呢？我们无需尝试，1981年，在美国举行的一次现代派露天音乐会上，当震耳欲聋的音乐声响起后，有300多名听众突然失去知觉，昏迷不醒，100辆救护车到达现场抢救，造成一次骇人听闻的噪声污染事件。

 全球的焦虑

噪声研究始于17世纪；20世纪50年代后，噪声被公认为是一种严重的公害污染，有关噪声污染事件也屡有报道。

1960年11月，日本广岛市的一男子被附近工厂发出的噪声折磨得烦恼万分，以致最后刺杀了工厂主。无独有偶，1961年7月，一名日本青年从新潟来到东京找工作，由于住在铁路附近，日夜被频繁过往的客货车的噪声折磨，患了失眠症，不堪忍受痛苦，终于自杀身亡。

同年10月，东京都品川区的一个家庭，母子3人因忍受不了附近建筑器材厂发出的噪声，试图自杀，未遂。中国也是噪声污染比较严重的国家，全国有近2/3的城市居民在噪声超标的环境中生活和工作着，对噪声污染的投诉占环境污染投诉的近40%。

● 绿色追问——噪声污染 ●

噪声被称为"无形的暴力"是大城市的一大隐患。有人曾做过实验，把一只豚鼠放在173分贝的强声环境中，几分钟后就死了。解剖后的豚鼠肺和内脏都有出血现象。1959年，美国有10个人"自愿"做噪声实验。当实验用飞机从10名实验者头上10~12米的高度飞过后，有6人当场死亡，4人数小时后死亡。验尸证明10人都死于噪声引起的脑出血。可见这个"声学武器"的威力之大。

声音分为乐声和噪声。由按一定规律做周期振动的物质发出的声音为乐声；由无规则、非周期振动物体发出的声音为噪声。凡是干扰人们休息、学习和工作的声音以及振幅和频率杂乱、断续或统计上无规则的声振动都称为噪声。噪声来源于人类生存的环境，如工业生产、交通运输、建筑施工，以及其他社会生活中产生的，也叫环境噪声。上述音乐会发出的干扰生活及人体健康的声音，也属于此类。

噪声污染对人、动物、仪器仪表以及建筑物均构成危害，其危害程度主要取决于噪声的频率、强度及暴露时间。噪声危害主要包括：

1. 噪声对听力的损伤

噪声对人体最直接的危害是听力损伤。人们在进入强噪声环境时，暴露一段时间，会感到双耳难受，甚至会出现头痛等感觉。离开噪声环境到安静的场所休息一段时间，听力就会逐渐恢复正常。这种现象叫做暂时性听阈偏移，又称听觉疲劳。但是，如果人们长期在强噪声环境下工作，听觉疲劳不能得到及时恢复，且内耳器官会发生器质性病变，即形成永久性听阈偏移，又称噪声性耳聋。若人突然暴露于极其强烈的噪声环境中，听觉器官会发生急剧外伤，引起鼓膜破裂出血，迷路出血，螺旋器从基底膜急性剥离，可能使人耳完全失去听力，即出现爆震性耳聋。

有研究表明，噪声污染是引起老年性耳聋的一个重要原因。此外，听力的损伤也与生活的环境及从事的职业有关，如农村老年性耳聋发病率较城市为低，纺织厂工人、锻工及铁匠与同龄人相比听力损伤更多。

2. 噪声能诱发多种疾病

因为噪声通过听觉器官作用于大脑中枢神经系统，以致影响到全身各个器官，故噪声除对人的听力造成损伤外，还会给人体其他系统带来危害。由于噪声的作用，会产生头痛、脑胀、耳鸣、失眠、全身疲乏无力以及记忆力减退等神经衰弱症状。长期在高噪声环境下工作的人与低噪声环境下的情况相比，高血压、动脉硬化和冠心病的发病率要高 2～3 倍。可见噪声会导致心血管系统疾病。噪声也可导致消化系统功能紊乱，引起消化不良、食欲不振、恶心呕吐，使肠胃病和溃疡病发病率升高。此外，噪声对视觉器官、内分泌机能及胎儿的正常发育等方面也会产生一定影响。在高噪声中工作和生活的人们，一般健康水平逐年下降，对疾病的抵抗力减弱，诱发一些疾病，但也和个人的体质因素有关，不可一概而论。

3．噪声对正常生活和工作的干扰

噪声对人的睡眠影响极大，人即使在睡眠中，听觉也要承受噪声的刺激。噪声会导致多梦、易惊醒、睡眠质量下降等，突然的噪声对睡眠的影响更为突出。噪声会干扰人的谈话、工作和学习。实验表明，当人受到突然而至的噪声一次干扰，就要丧失 4 秒钟的思想集中。据统计，噪声会使人的劳动生产率降低 10%～50%，随着噪声的增加，差错率上升。由此可见，噪声会分散人的注意力，导致反应迟钝，容易疲劳，工作效率下降，差错率上升。噪声还会掩蔽安全信号，如报警信号和车辆行驶信号等，以致造成事故。

4．噪声对动物的影响

噪声能对动物的听觉器官、视觉器官、内脏器官及中枢神经系统造成病理性变化。噪声对动物的行为有一定的影响，可使动物失去行为控制能力，出现烦躁不安、失去常态等现象，强噪声会引起动物死亡。鸟类在噪声中会出现羽毛脱落，影响产卵率等。

5．特强噪声对仪器设备和建筑结构的危害

实验研究表明，特强噪声会损伤仪器设备，甚至使仪器设备失效。噪声对仪器设备的影响与噪声强度、频率以及仪器设备本身的结构与安装方式等因素有关。当噪声级超过 150 分贝时，会严重损坏电阻、电容、晶体管等元件。当特强噪声作用于火箭、宇航器等机械结构时，由于受声频交变负载的反复作用，会使材料产生疲劳现象而断裂，这种现象叫做声疲劳。

一般的噪声对建筑物几乎没有什么影响，但是噪声级超过 140 分贝时，对轻型建筑开始有破坏作用。例如，当超声速飞机在低空掠过时，在飞机头部和尾部会产生压力和密度突变，经地面反射后形成 N

形冲击波，传到地面时听起来像爆炸声，这种特殊的噪声叫做轰声。在轰声的作用下，建筑物会受到不同程度的破坏，如出现门窗损伤、玻璃破碎、墙壁开裂、抹灰震落、烟囱倒塌等现象。由于轰声衰减较慢，因此传播较远，影响范围较广。此外，在建筑物附近使用空气锤、打桩或爆破，也会导致建筑物的损伤。

关注与行动

为了防止噪音，我国著名声学家马大猷教授曾总结和研究了国内外现有各类噪音的危害和标准，提出了三条建议：

（1）为了保护人们的听力和身体健康，噪音的允许值在 75～90 分贝。

（2）保障交谈和通讯联络，环境噪音的允许值在 45～60 分贝。

（3）对于睡眠时间建议在 35～50 分贝。

噪声对人的影响和危害跟噪声的强弱程度有直接关系。在建筑物中，为了减小噪声而采取的措施主要是隔声和吸声。隔声就是将声源隔离，防止声源产生的噪声向室内传播。在马路两旁种树，对两侧住宅就可以起到隔声作用。在建筑物中将多层密实材料用多孔材料分隔而做成的夹层结构，也会起到很好的隔声效果。为消除噪声，常用的吸声材料主要是多孔吸声材料，如玻璃棉、矿棉、膨胀珍珠岩、穿孔吸声板等。材料的吸声性能决定于它的粗糙性、柔性、多孔性等因素。另外，建筑物周围的草坪、树木等也都是很好的吸声材料，所以我们种植花草树木，不仅美化了我们生活和学习的环境，同时也防治了噪声对环境的污染。

居民区内禁止鸣笛的标志

控制噪音环境，除了考虑人的因素之外，还须兼顾经济和技术上的可行性。充分的噪音控制，必须考虑噪音源、传音途径、受音者所组成的整个系统。控制噪音的措施可以针对上述三个部分或其中任何一个部分。噪音控制的内容包括：

（1）降低声源噪音，工业、交通运输业可以选用低噪音的生产设备和改进生产工艺，或者改变噪音源的运动方式（如用阻尼、隔振等措施降低固体发声体的振动）。

（2）在传音途径上降低噪音，控制噪音的传播，改变声源已经发出的噪音传播途径，如采用吸音、隔音、音屏障、隔振等措施，以及合理规划城市和建筑布局等。

（3）受音者或受音器官的噪音防护，在声源和传播途径上无法采取措施，或采取的声学措施仍不能达到预期效果时，就需要对受音者或受音器官采取防护措施，如长期职业性噪音暴露的工人可以戴耳塞、耳罩或头盔等护耳器。

噪音控制在技术上虽然现在已经成熟，但由于现代工业、交通运输业规模很大，要采取噪音控制的企业和场所为数甚多，因此在防止噪音问题上，必须从技术、经济和效果等方面进行综合权衡。当然，具体问题应当具体分析。在控制室外、设计室、车间或职工长期工作的地方，噪音的强度要低；库房或少有人去车间或空旷地方，噪音稍高一些也是可以的。总之，对待不同时间、不同地点、不同性质与不同持续时间的噪音，应有一定的区别。

"以毒攻毒"的有源消声的技术

通常所采用的三种降噪措施，即在声源处降噪、在传播过程中降噪及在人耳处降噪，都是消极被动的。为了积极主动地消除噪声，人们发明了"有源消声"这一技术。它的原理是：所有的声音都由一定的频谱组成，如果可以找到一种声音，其频谱与所要消除的噪声完全一样，只是相位刚好相反（相差180°），就可以将这噪声完全抵消掉。关键就在于如何得到那抵消噪声的声音。实际采用的办法是：从噪声源本身着手，设法通过电子线路将原噪声的相位倒过来。由此看来，有源消声这一技术实际上是"以毒攻毒"。

相关链接：噪音的利用

虽然噪音是世界公害，但是通过开发，它能产生许多意想不到的妙处：

噪声除草

科学家发现，不同的植物对不同的噪声敏感程度不一样。根据这个道理，人们制造出噪声除草器。这种噪声除草器发出的噪声能使杂草的种子提前萌发，这样就可以在作物生长之前用药物除掉杂草，用

"欲擒故纵"的妙策，保证作物的顺利生长。

噪声诊病

美妙、悦耳的音乐能治病，这已为大家所熟知。但噪声怎么能用于诊病呢？科学家制成一种激光听力诊断装置，它由光源、噪声发生器和电脑测试器三部分组成。使用时，它先由微型噪声发生器产生微弱短促的噪声，振动耳膜，然后微型电脑就会根据回声，把耳膜功能的数据显示出来，供医生诊断。它测试迅速，不会损伤耳膜，没有痛感，特别适合儿童使用。此外，还可以用噪声测温法来探测人体的病灶。

将一盏灯告上法庭

2004年，上海永达中宝汽车销售服务有限公司为防止偷车贼设置了一个太阳灯。从晚上7时一直亮到次日早上5时，灯光总是透过一户居民的窗户，直射到卧室内，影响居民正常休息。

家住张杨路的居民陆耀东先后与永达公司进行了3次交涉，永达公司虽答应将250瓦的灯泡更换成125瓦，但陆耀东仍没有感到明显变化。2004年9月1日，陆耀东得知《上海市城市环境（装饰）照明规范》正式实施。这部以居民权益为先的《规范》首次为"光污染"释义，并明确对居住区周边装饰照明光源作出重点限制。于是他当天就将永达公司告上法庭，要求对方拆下太阳灯，并作出公开道歉，另赔偿1000元。法院当日受理了此案。后来陆耀东又把索赔金额改为象征性的1元钱。

 ## 全球的焦虑

2001年8月7日，美国一家研究机构公布了一个令世人为之哗然的数据：夜晚的华灯造成的光污染已使全世界1/5的人对银河系视而不见。研究人员之一埃尔维奇说："许多人已经失去了夜空，而正是我们的灯光使夜空失色。"他认为，现在世界上约有2/3的人生活在光污染里。在远离城市的郊外夜空，可以看到两千多颗星星，而在大城市却只能看到几十颗。在欧美和日本，光污染的问题早已引起人们的关注。美国还成立了国际黑暗夜空协会，专门与光污染作斗争。

据德国一项社会调查，有 2/3 的人认为"人工白昼"危害健康，84% 的人反映影响睡眠。刺眼的路灯和沿途灯光广告及标志，还使汽车司机感到开车紧张。此外，光污染对城市气候和环境、城市动植物生长都有一定的危害。

我国的一项研究结果也表明，光污染对人眼的角膜和虹膜造成伤害，引起视疲劳和视力下降。我国高中生近视率达 60% 以上的主要原因，并非用眼习惯所致，而是视觉环境受到污染。

● 绿色追问——光污染 ●

光污染问题最早于 20 世纪 30 年代由国际天文界提出，他们认为光污染是城市室外照明使天空发亮造成对天文观测的负面的影响。后来英美等国家称之为"干扰光"，在日本则称为"光害"。

目前，国内外对于光污染并没有一个明确的定义。现在一般认为，光污染泛指影响自然环境，对人类正常生活、工作、休息和娱乐带来不利影响，损害人们观察物体的能力，引起人体不舒适感和损害人体健康的各种光。从波长 10 纳米至 1 毫米的光辐射，即紫外辐射，可见光和红外辐射，在不同的条件下都可能成为光污染源。

广义的光污染包括一些可能对人的视觉环境和身体健康产生不良影响的事物，包括生活中常见的书本纸张、墙面涂料的反光甚至是路边彩色广告的"光芒"亦可算在此列，光污染所包含的范围之广由此可见一斑。在日常生活中，人们常见的光污染的状况多为由镜面建筑反光所导致的行人和司机的眩晕感，以及夜晚不合理灯光给人体造成的不适。

国际上一般将光污染分成三类，即白亮污染、人工白昼和彩光污染。

1. 白亮污染

当太阳光照射强烈时，城市里建筑物的玻璃幕墙、釉面砖墙、磨光大理石和各种涂料等装饰反射光线，明晃白亮、炫眼夺目。专家研究发现，长时间在白色光亮污染环境下工作和生活的

城市的光污染

人，视网膜和虹膜都会受到程度不同的损害，视力急剧下降，白内障的发病率高达45%。光污染还使人头昏心烦，甚至发生失眠、食欲下降、情绪低落、身体乏力等类似神经衰弱的症状。

夏天，玻璃幕墙强烈的反射光进入附近居民楼房内，增加了室内温度，影响正常的生活。有些玻璃幕墙是半圆形的，反射光汇聚还容易引起火灾。烈日下驾车行驶的司机会出其不意地遭到玻璃幕墙反射光的突然袭击，眼睛受到强烈刺激，很容易诱发车祸。

据光学专家研究，镜面建筑物玻璃的反射光比阳光照射更强烈，其反射率高达82%~90%，光几乎全被反射，大大超过了人体所能承受的范围。长时间在白色光亮污染环境下工作和生活的人，容易导致视力下降，产生头昏目眩、失眠、心悸、食欲下降及情绪低落等类似神经衰弱的症状，使人的正常生理及心理发生变化，长期下去会诱发

某些疾病。

某些工作场所，例如火车站和机场以及自动化企业的中央控制室，过多和过分复杂的信号灯系统也会造成工作人员视觉锐度的下降，从而影响工作效率。焊枪所产生的强光，若无适当的防护措施，也会伤害人的眼睛。长期在强光条件下工作的工人（如冶炼工、熔烧工、吹玻璃工等）也会由于强光而使眼睛受害。

2. 人工白昼

夜幕降临后，商场、酒店上的广告灯、霓虹灯闪烁夺目，令人眼花缭乱。有些强光束甚至直冲云霄，使得夜晚如同白天一样，即所谓人工白昼。这样的"不夜城"，使人夜晚难以入睡，扰乱人体正常的生物钟，导致人们白天工作效率低下。人工白昼还会伤害鸟类和昆虫，强光可能破坏昆虫在夜间的正常繁殖过程。

目前，大城市普遍过多使用灯光，使天空太亮，看不见星星，影响了天文观测、航空等，很多天文台因此被迫停止工作。据天文学统计，在夜晚天空不受光污染的情况下，可以看到的星星约有 7000 颗，而在路灯、背景灯、景观灯乱射的大城市里，只能看到 20 ～30 颗星星。

亮如白昼的夜晚

3. 彩光污染

舞厅、夜总会

安装的黑光灯、旋转灯、荧光灯以及闪烁的彩色光源构成了彩光污染。据测定，黑光灯所产生的紫外线强度大大高于太阳光中的紫外线，且对人体有害影响持续时间长。人如果长期接受这种照射，可诱发流鼻血、脱牙、白内障，甚至导致白血病和其他癌变。彩色光源让人眼花缭乱，不仅对眼睛不利，而且干扰大脑中枢神经，使人感到头晕目眩，出现恶心呕吐、失眠等症状。科学家最新研究表明，彩光污染不仅有损人的生理功能，而且对人的心理也有影响。"光谱光色度效应"测定显示，如以白色光的心理影响为 100，则蓝色光为 152，紫色光为 155，红色光为 158，黑色光最高，为 187。要是人们长期处在彩光灯的照射下，其心理积累效应，也会不同程度地引起倦怠无力、头晕、性欲减退、阳痿、月经不调、神经衰弱等身心方面的病症。

歌舞厅的彩光污染

此外光污染还有如下几种表现形式。

1. 激光污染

激光污染也是光污染的一种特殊形式。由于激光具有方向性好、能量集中、颜色纯等特点，而且激光通过人眼晶状体的聚焦作用后，到达眼底时的光强度可增大几百至几万倍，所以激光对人眼有较大的伤害作用。激光光谱的一部分属于紫外和红外范围，会伤害眼结膜、虹膜和晶状体。功率很大的激光能危害人体深层组织和神经系

粗糙的感觉

统。近年来，激光在医学、生物学、环境监测、物理学、化学、天文学以及工业等多方面的应用日益广泛，激光污染愈来愈受到人们的重视。

2. 红外线污染

红外线近年来在军事、人造卫星以及工业、卫生、科研等方面的应用日益广泛，因此红外线污染问题也随之产生。红外线是一种热辐射，对人体可造成高温伤害。较强的红外线可造成皮肤伤害，其情况与烫伤相似，最初是灼痛，然后是造成烧伤。红外线对眼的伤害有几种不同情况，波长为 7500～13000 埃的红外线对眼角膜的透过率较高，可造成眼底视网膜的伤害。尤其是 11000 埃附近的红外线，可使眼的前部介质（角膜、晶体等）不受损害而直接造成眼底视网膜烧伤。波长 19000 埃以上的红外线，几乎全部被角膜吸收，会造成角膜烧伤（混浊、白斑）。波长大于 14000 埃的红外线的能量绝大部分被角膜和眼内液所吸收，透不到虹膜。只是 13000 埃以下的红外线才能透到虹膜，造成虹膜伤害。人眼如果长期暴露于红外线可能引起白内障。

3. 紫外线污染

紫外线最早是应用于消毒以及某些工艺流程。近年来它的使用范围不断扩大，如用于人造卫星对地面的探测。紫外线的效应按其波长而有不同，波长为 1000～1900 埃的真空紫外部分，可被空气和水吸收；波长为 1900～3000 埃的远紫外部分，大部分可被生物分子强烈吸收；波长为 3000～3300 埃的近紫外部分，可被某些生物分子吸收。

紫外线对人体主要是伤害眼角膜和皮肤。造成角膜损伤的紫外线主要为 2500～3050 埃部分，而其中波长为 2880 埃的作用最强。角膜多次暴露于紫外线，并不增加对紫外线的耐受能力。紫外线对角膜的伤害作用表现为一种叫做畏光眼炎的极痛的角膜白斑伤害。除了剧痛外，还导致流泪、眼睑痉挛、眼结膜充血和睫状肌抽搐。紫外线对皮肤的伤害作用主要是引起红斑和小水疱，严重时会使表皮坏死和脱皮。人体胸、腹、背部皮肤对紫外线最敏感，其次是前额、肩和臀部，再次为脚掌和手背。不同波长紫外线对皮肤的效应是不同的，波长2800～3200埃和2500～2600埃的紫外线对皮肤的效应最强。

另外，有些学者还根据光污染所影响的范围的大小将光污染分为室外视环境污染、室内视环境污染和局部视环境污染。其中，室外视环境污染包括建筑物外墙、室外照明等；室内视环境污染包括室内装修、室内不良的光色环境等；局部视环境污染包括书簿纸张和某些工业产品等。

关注与行动

科学家最新研究表明，彩光污染不仅有损人的生理功能，而且对人的心理也有影响。"光谱光色度效应"测定显示，如以白色光的心理影响为100，则蓝色光为152，紫色光为155，红色光为158，黑色光最高，为187。要是人们长期处在彩光灯的照射下，其心理积累效应也会不同程度地引起倦怠无力、头晕、性欲减退、阳痿、月经不调、神经衰弱等身心方面的病症。视觉环境已经严重威胁到人类的健康生活和工作效率，每年给人们造成大量损害。为此，关注视觉污染，改善视觉环境，已经刻不容缓。

人工白昼还可伤害昆虫和鸟类、因为强光可破坏夜间活动昆虫的正常繁殖过程。同时，昆虫和鸟类可被强光周围的高温烧死。光污染还会破坏植物体内的生物钟节律，有碍其生长，导致其茎或叶变色，甚至枯死；对植物花芽的形成造成影响，并会影响植物休眠和冬芽的形成。因此，光污染的防治已经刻不容缓。

光污染的防治

防治光污染可以从下列几个方面采取措施：

（1）加强城市规划和管理，改善工厂照明条件等，以减少光污染的来源。比如在设计照明工具时，合理选择光源、灯具和布灯方案，尽量使用光束发散角小的灯具，并在灯具上采取加遮光罩或隔片的措施。

（2）对有红外线和紫外线污染的场所采取必要的安全防护措施。

（3）在修建建筑时，应考虑尽量采用对人的视觉不会产生强烈刺眼感觉的白色，而尽量考虑使用让人眼感觉舒服的"生态颜色"，同时避免会产生镜面想象的玻璃、大理石材料的使用。

（4）制订切实可行的防治光污染的标准和规范以及法律法规。目前国际照明委员会（CIE）和西方一些发达国家已经有防治光污染的相关规定和标准。

（5）采用个人防护措施，主要是戴防护眼镜和防护面罩。光污染的防护镜有反射型防护镜、吸收型防护镜、反射—吸收型防护镜、爆炸型防护镜、光化学反应型防护镜、光电型防护镜、变色微晶玻璃型防护镜等类型。

（6）向公众宣传光污染的危害，提高人们防治光污染的意识。比如 2009 国际天文年"暗夜天空"、"全球关灯一小时"活动等都是引起人们关注光污染的良好措施。

光污染虽未被列入环境防治范畴，但它的危害显而易见，并在日益加重和蔓延。因此，人们在生活中应注意，防止各种光污染对健康的危害，避免过长时间接触污染。

光对环境的污染是实际存在的，但由于缺少相应的污染标准与立法，因而不能形成较完整的环境质量要求与防范措施。防治光污染，是一项社会系统工程，需要有关部门制订必要的法律和规定，采取相应的防护措施。

首先，在企业、卫生、环保等部门，一定要对光的污染有一个清醒的认识，要注意控制光污染的源头，要加强预防性卫生监督，做到防患于未然；科研人员在科学技术上也要探索有利于减少光污染的方法。在设计方案上，合理选择光源，要教育人们科学地合理使用灯光，注意调整亮度，不可滥用光源，不要再扩大光的污染。

灯光照亮城市夜空

其次对于个人来说要增加环保意识，注意个人保健。个人如果不能避免长期处于光污染的工作环境中，应该考虑到防止光污染的问题，采用个人防护措施：穿戴防护镜、防护面罩、防护服等。把光污染的危害消除在萌芽状态。已出现症状的应定期去医院眼科做检查，及时发现病情，以防为主，防治结合。

光污染的立法现状

为限制光污染而制定法规、规范和指南，国外早在 20 世纪 70 年代已出现，而我国一直处在"光污染"环境立法的空白点。1972 年苏格兰的安德鲁天文台和澳大利亚堪培拉的斯托姆诺天文台就已提出天空光影响天文现象的问题。1980 年国际天文联合会和国际照明委员会联合发表了"减少靠近天文台城市的天空光"的文章。然而在我国正式制定相关法规，是上海市制定的首部限定灯光污染的地方标准——《城市环境装饰照明规范》颁布，并于 2004 年 9 月 1 日起正式实施。

相关链接：2009 国际天文年基础项目——暗夜意识

为了纪念伽利略将望远镜用于天文观测 400 周年，在国际天文联合会（IAU）的提议下，2007 年 12 月 20 日，联合国正式宣布 2009 年为国际天文年。

但是由于光污染，目前世界上适合开展天文观测研究的优良台址越来越少，很多已经建成的天文台饱受光污染之苦，濒于关闭。保持夜空的黑暗和正常的昼夜交替，不但可以保证天文观测的顺利进行，更是一项环保事业。光污染关系到人类健康、人口、生态、安全、经济、节能等多个方面。近年来，人们更加认识到，夜空中的点点繁星和美丽的银河是人类文化和自然遗产的一部分，让更多的人，特别是城市中的居民有机会欣赏到灿烂的星空，也是对联合国教科文组织"天文学和世界遗产"计划的支持。所以宣传光污染的危害、从我做起，自觉减少光污染在科学、环保、文化等方面均具有重要意义。

国际天文年期间，我国也积极参与"暗夜意识"的相关活动，包括组织或参加三次关灯活动，并伴以贯穿整个国际天文年的宣传和实践。通过这些活动，我们希望能够使尽可能多的公众、媒体和政府部门认识到暗夜保护的意义，以实际行动参加到保护暗夜的事业中来。同时，我们还将推广一些适合在关灯期间开展的普及天文知识、监测本地光污染程度的活动，如路边天文、寻找星座和亮星、数星星、天空背景亮度测量等。

化妆品，并非真的很美

为孩子健康忧心的母亲可能在无意间给他们一个有毒的亲吻。美国安全化妆品运动组织于 2007 年公布了一份产品质量检测报告。报告显示，美国制造的口红大多含铅，且 1/3 的口红含铅量超标。美国一家独立实验室于 2007 年 9 月抽检了美国市场上 33 个品牌的红色系唇膏。检测样品分别购自马塞诸塞州的波士顿、康涅狄格州的哈特福德、加利福尼亚州的旧金山和明尼苏达州的明尼阿波利斯。这些口红均由美国制造。检测结果显示，61% 的口红含铅，含铅量为 0.03 ~ 0.65ppm 不等。但没有一种口红在包装上标注含铅。（ppm 为显示成分含量的计量单位，1ppm 相当于每千克中含 1 毫克。）

这份名为《毒吻：含铅口红的问题》的报告称，含铅量较高的口红包括：欧莱雅纷泽滋润正红色唇膏（0.65ppm）、欧莱雅纷泽滋润经典酒红色唇膏（0.58ppm）、封面女郎 In - credifull 鲜红色唇膏（0.56ppm）、迪奥魅惑暗红色唇膏（0.21ppm），而诸如露华浓等品牌的口红不含铅，价格也相对便宜。报告显示，1/3 的口红含铅量超过美国食品和药物管理局的糖果含铅量标准——0.1ppm。安全化妆品运动组织认为，尽管食品和药物

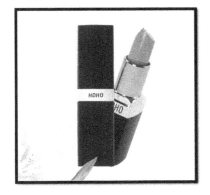

口红

管理局并未制定口红的含铅量标准，但口红如同糖果，可被人体直接吸收，因此糖果含铅量标准适用于口红。安全化妆品运动组织称，其余39%的口红不含铅，这一事实说明制造不含铅的口红已成为可能。

 ## 全球的焦虑

不仅仅是口红，祛斑美白霜、指甲油、染发剂、精华液、香水……这些化妆品都有可能令诸位爱美的女士饱受"污染"之苦。例如，国外的一项调查显示，全球因滥用色素而导致脸部"斑点丛生"的"毁容美女"高达100万人以上。一些医学专家称，化妆品接触性皮炎占皮肤病50%以上，化妆品色素异常占30%以上。

形形色色的化妆品

2002年，美国国内的一份调查报告显示：CD、美宝莲、露华浓等国际知名品牌的化妆品居然含有对人体造成伤害的化学成分——酞酸盐。

2005年3月7日，我国江西一位女性消费者根据知名化妆品品牌

SK-II 关于"连续使用 28 天细纹及皱纹明显减少 47%"的广告宣传，购买了一支 SK-II 紧肤抗皱精华乳，结果使用 28 天后非但没有出现上述效果，反而导致皮肤瘙痒和部分灼痛。她和其委托人根据此款产品的日文说明发现，这款 SK-II 紧肤抗皱精华乳的成分包括氢氧化钠、聚四氟乙烯、安息香酸钠等化学材料，其中氢氧化钠俗称"烧碱"，具有较强的腐蚀性，而聚四氟乙烯俗称"特氟龙"或"特富龙"，是用于电饭煲不粘锅制造的常见化学材料。此外，SK-II 品牌多种化妆品还被广东出入境检验检疫机构查出含有禁用成分铬和钕。

另据媒体报道，玉兰油、巴黎雪完美、H_2O 等品牌也被查处其中含有对人体有害的物质。有害、污染、腐蚀……这些跟美丽无关的字眼，似乎并不仅仅指向某一化妆品品牌，而是已经指向了整个化妆品行业。

● 绿色追问——化妆品污染 ●

化妆品的成分相当复杂。有关资料显示，大约有 8000 多种物质曾经或正在用于各种化妆品中。现在很多的化妆品原料普遍使用了化工合成产品，如染料、香料、色素等，同时在天然原料中人为掺入像汞化合物、过氧化氢、氢醌等以提高美白特殊效果。直接作用于皮肤不但起不到美白作用，反而损伤皮肤，长期使用还可诱发癌肿。因此化妆品中有毒有害物质对健康的危害是十分严重的，必须引起高度重视。

化妆品中常有的污染物质小档案

铅

铅是一种有毒的金属，对神经有毒害作用，可影响人的认知、语言和行动能力。孕妇和婴幼儿尤其容易受害，铅可轻易通过胎盘进入胎儿大脑，影响胎儿发育。铅中毒还可能与不育和流产有关联。

钕

钕是一种稀土金属，淡黄色，在空气中容易氧化，用来制合金和光学玻璃等。钕对眼睛和黏膜有很强的刺激性，对皮肤有中度刺激性，吸入还可导致肺栓塞和肝损害。

铬

铬是金属元素，银灰色，质硬而脆，耐腐蚀。它用来制造特种钢等，镀在别种金属上可以防锈。也叫克罗米。铬为皮肤变态反应原，可引起过敏性皮炎或湿疹，病程长，久而不愈。

酞酸盐

酞酸盐无味或带有轻微气味，广泛用作产品添加剂。由于酞酸盐能够通过皮肤吸收，也能随呼吸进入体内，因此它的毒性同样会威胁到人体健康，可能会直接导致男子睾丸萎缩，影响胎儿发育，造成诸如尿道下裂之类的先天性疾病。

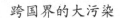

关注与行动

由于含化工合成产品的化妆品对人体存在着健康隐患，如今绿色化妆品备受人们青睐。绿色化妆品是直接采用天然原料的化妆品，如应用天然羊毛脂、磷脂、植物汁液、中草药等制成的化妆品。科学地使用化妆品，了解化妆品的成分、功能及使用方法，选择适合自己身体、皮肤特点的化妆品才可保证正确使用。

化妆品切忌涂抹过多、浓彩重妆，尽量减少化妆品中有毒物质和皮肤接触。皮肤病变部位不能涂抹化妆品，化脓、发炎生疖部位也不能使用化妆品。

护肤脂不可乱用，油性皮肤的人可不用或少用，直接用甘油加水也有很好的润肤保湿作用。少用或不用色泽艳、香味浓的化妆品。

化妆品一经启用，尽量在三个月内用完，避免因空气和人手的接触，加快化妆品变质。增白剂类化妆品应选择非汞类和非氢醌类。尽量少用合成洗涤剂，不仅为环境保护，也为了保护皮肤。

为了把化妆品的不良因素降低到最低程度，这里有一些选择化妆品的意见，供大家参考：

（1）不要浓妆。在生活中宜淡妆，浓妆不单会令人看起来怪异，且会抑制皮肤顺利"呼吸"。

（2）化妆要有间歇。得不到休息的皮肤，由于化妆品无休止地累积而伤痕累累。因而应适当休息皮肤，如不外出时不要化妆，涂一点营养霜就可。

（3）对化妆品的选用不要"从一而终"。有的人为了追求或经习惯于一种名牌，几年或十几年使用一种牌子的化妆品，似乎这是最佳的选择。岂知，危害多多。任何化妆品都有抑制某一些物质的特性，所以当只使用一种化妆品时，某一些物质得到抑制，另外一些物质却泛滥成灾，同样会给皮肤带来不利的影响。

（4）卸妆要及时彻底。有的人因化妆后好看，甚至睡觉也不愿卸去；甚或有的少妇为了取悦丈夫，晚上还特意重新上妆，这些都是不妥当的。皮肤得不到休息，势必会老化破损。

（5）要有识别劣质化妆品的火眼金睛。买化妆品不仅要看外表，还要打开看看内容。化妆品品质低劣和过期一般都会有一些改变，如化妆品的颜色由原来的正常色变为黑色、黄色、褐色；出现气泡和怪味；表面呈现异色和霉斑；化妆品变稀，不用时表层出水等等。

（6）要认真察看化妆品的监督标志，生产日期选择要短。

相关链接：化妆品的三项环保准则

现在，越来越多的品牌已经开始认可化妆品的环保准则，即"使用有机成分"、"采用可回收包装材料"以及"不做动物实验"这三项内容。

1. 使用有机成分

在化妆品中使用有机和天然成分，可以保证其产品在使用过程中和使用后自然分解，避免因化学合成物质等造成对环境和人体的危害，同时也避免了在制造这类化学合成产品过程中废物的排放。另外，有机和天然成分源于自然界，不会带给人体由于工业合成而产生的微量有害物质，对皮肤安全，有效减少化妆品对人体产生

由废弃化妆品制成的肖像

的疾病。因此，尽量选择含有天然有机成分的产品，或者选择含有该类成分较高的产品。

2. 采用可回收包装材料

采用可回收或者可降解的包装材料，避免化妆品包装材料成为不可利用和再生的垃圾。这样可以减少生产包装材料过程中产生的有害物质，也减少了包装材料在使用后污染土地水源等环境问题。

某些化妆品品牌已经开始采用可以回收和降解的纸质包装，并且大力简化包装复杂度。每件产品由外包装纸盒到产品瓶，甚至连瓶身上的字母颜料都以特别的环保材料制造，可被自然分解。还有一些化妆品皮品牌提倡消费者在用完之后，直接在专柜购买补充装，这样每年可以缩减化妆品产品包装达几百吨。

　　3．不做动物实验

　　为了生态和环境等综合因素免受伤害，全球许多地区全面提倡和要求不论在原料、制作过程还是成品各方面，都不使用动物源性原料和进行动物实验。这一举措对于绿色环保和生态具有非常重要的意义。目前绝大多数化妆品品牌都已经做到这一点。

电磁辐射引发的环境维权

2004年2月，一项名为"西上六输变电工程"的两个线塔建在了北京海淀区百旺家苑小区公共绿地上，而高压输电线路沿线的居民事先没有得到任何的通知。北京电力公司所架设的是220千伏高压输电线路，根据电学常识，高压输电线导线周围的工频电场会产生强大的电磁辐射，并会对人体造成严重危害。5位业主在诉状中称，国内外的众多专业机构和专家通过几十年的调查研究已证实：220千伏高压线周围300米地段内的人群患白血病、癌症的几率是其他地区的数倍，电磁辐射也会导致孕妇流产、胎儿畸形和心血管疾病。在高温、大风、大雪、阴雨、雷电等气象条件下容易断裂和发生其他危害事故。在距离高压线200米以内居住的儿童患白血病的概率，比未受电磁辐射的普通儿童高30%。因此，居民强烈反对北京电力公司此项工程，但与其交涉未果，于是与环保局通电，获悉原来该项目未被审批，后要求补办环评程序。百旺家苑代表认为北京电力公司补办环评程序完成的"西上六输变电工程"存在程序违法、适用标准错误、计算错误、结论错误等诸多问题，请求北京市环保局做出不予行政许可的决定。但北京市环保局仍于2004年9月6日对该工程环境影响报告书"予以批准"。于是百旺家苑的居民在当天组建百旺律师团，开始了环境维权的征程。

2007年1月中旬起，在北京金融街区域（礼士路和复兴门附近），电子卷帘门和汽车遥控器经常无故失灵，当地居民也怀疑与电磁辐射（功率大的无线发射设施）有关，并担心这种电磁辐射对自身健康将产生影响。

 ## 全球的焦虑

手机、电视、电脑、微波炉、电冰箱、电磁炉已把我们捆绑在密集的充满有害辐射的网络里，不知不觉中悄悄杀死我们的健康细胞。1995年美联社曾报道：美国公共机构的行政人员由于长期受到电脑辐射的污染，脑部及神经系统受到伤害，12%的人罹患脑瘤，12.8%的人不孕，24.4%的人生出畸形儿，38%的人患白内障，78.3%的人有神经官能症。

1996年英国路透社报道：英国物理学家公开承认，现代家庭电器用品产生的电磁专场，将会导致癌症。

1999年澳洲医学杂志指出：电脑、电视、游戏机所发出的电磁辐射，会导致85%的17岁以下孩子得白血病。

另据英国国家辐射保护委员会的一份写于2001年的调查报告称：居住在高压线周边，有电磁辐射下的儿童，其白血病发病率比居住在别处的儿童的高出1倍。而瑞典国家工业与技术发展委员会，选择220～400千伏的高压电网下的沿线一带进行调查，发现在1960年～1985年间，居住在距电线300米以内地段的50万人中，共有142名儿童患上病症，其中39人得白血病。

● 绿色追问——电磁辐射污染 ●

今天，越来越多的电子、电气设备的投入使用使得各种频率的不同能量的电磁波充斥着地球的每一个角落乃至更加广阔的宇宙空间。对于人体这一良导体，电磁波不可避免地会构成一定程度的危害。

电磁辐射是一种复合电磁波，人体的生命活动包含一系列的生物电活动，这些生物电对环境中的电磁波非常敏感，因此，电磁辐射可以对人体造成影响和损害。

电磁辐射污染源的种类包括如下几种：

（1）广播电视发射设备，主要部门为各地广播电视的发射台和中转台。

（2）通信雷达及导航发射设备通信，包括短波发射台、微波通信站、地面卫星通信站、移动通信站。

（3）工业、科研、医疗高频设备。该类设备把电能转换为热能或其他能量加以利用，但伴有电磁辐射产生并泄漏出去，引起工作场所环境污染。工业用电磁辐射设备：主要为高频炉、塑料热合机、高频介质加热机等。医疗用电磁辐射设备：主要为高频理疗机、超短波理疗机、紫外线理疗机等。科学研究电磁辐射设备：主要为电子加速器及各种超声波装置、电磁灶等。

（4）交通系统电磁辐射干扰，包括电气化铁路、轻轨及电气化铁道、有轨道电车、无轨道电车等。

（5）电力系统电磁辐射，高压输电线包括架空输电线和地下电缆，变电站包括发电厂和变压器电站。

（6）家用电器电磁辐射，包括计算机、显示器、电视机、微波炉、无线电话等。

另据世界卫生组织的调查显示，电磁辐射对人体有五大影响：

（1）电磁辐射是心血管疾病、糖尿病、癌突变的主要诱因。美国一癌症疗基金会对一些遭电磁辐射损伤的病人抽样化验，结果表明在高压线附近工作的人快24倍。

电脑显示器背后产生
大量的电磁辐射

（2）电磁辐射对人体生殖系统，神经系统和免疫系统造成直接伤害。损害中枢神经系统，头部长期受电磁辐射影响后，轻则引起失眠多梦、头痛头昏、疲劳无力、记忆力减退、易怒、抑郁等神经衰弱症，重则使大脑皮细胞活动能力减弱，并造成脑损伤。

（3）电磁辐射是造成孕妇流产、不育、畸胎等病变的诱发因素。电磁辐射对人体的危害是多方面的，女性和胎儿尤其容易受到伤害，调查表明：1～3个月为胚胎期，受到强电磁辐射可能造成肢体缺陷或畸形；4～5个月为胎儿成长期，受电磁辐射可导致免疫力功能低下，出生后身体弱，抵抗力差。

（4）过量的电磁辐射直接影响儿童组织发育、骨骼发育、视力下降；肝脏造血功能下降，严重都可导致视网膜脱落。

伤害眼睛功率密度与形成白内障的时间的阈值曲线不是直线，在每一个频率上照射兔眼似乎都需要一个微波功率密度阈值，低于这个曲线，即使连续照射也不会产生眼损伤。在500兆赫以上，白内障形成的最小功率密度约150毫瓦/平方厘米，低于500兆赫的频率引起眼损害的可能性不能完全排除。

（5）电磁辐射可使男性性功能下降，女性内分泌紊乱，月经失调。

1998年世界卫生组织（WTO）在有关电脑屏幕与工人健康问题的最新修正意见中指出：在电脑屏幕工作环境下，有些因素可能影响妊娠结果。首先受到影响的是男方，长期受到电磁波辐照，有可能使男性精子减少，使精子基因畸形并可能变成不育或者畸胎；其次是孕妇，有报道说在电脑前1周工作20小时以上的孕妇生畸形的概率要比普通孕妇高2~3倍，而生女孩的概率大。

相关链接：易受电磁辐射污染的职业

（1）金融：金融行业普遍使用计算机网络、现代化办公设施，操作人员直接受到电磁辐射。

（2）广电：广播、电视发射系统、无线电发射系统、编辑机房、演播室均向外发射大量电磁波辐射。

（3）IT：计算机系统（电脑）及无线网络随时向外发射大量电磁波辐射。

（4）电力：高压输电、变电、发电设施产生高强度电磁波辐射。

（5）电信：移动通讯基站等无线通讯系统电磁波辐射强度很大，尤其是手机对人体的危害已引起人们的广泛关注。

（6）民航：民航指挥塔及飞机本身都向外发送大量电磁波辐射，此行业人员尤其应注意防护。

（7）铁路：电气化铁路的电力线及变配系统向外发射大量电磁波辐射。

（8）医疗：高频理疗、超短波理疗、微波理疗及各类频谱仪，都向外发射大量电磁波辐射。

 关注与行动

电磁辐射的防护对于不同的电磁辐射污染源，其防护方法是很多的，只要能降低辐射源的辐射，达到国家标准的要求，就可以使用。

（1）对电磁辐射区内人员的防护措施

推测或检测到射频功率密度超过 40 微瓦/平方厘米的区域，应认为是电磁辐射潜在危险区。人员容易误入的危险区域应设有警告标记。除非有紧急情况，凡经计算或用场强计测量超过 40 微瓦/平方厘米的区域不允许人员在未采取防护措施的情况下进入。应利用保护用品使辐射危害减至最小，必须保证在发射天线射束区内工作的维护人员穿好保护服装。应该禁止身上带有金属移植件、心脏起搏器等辅助装置的人员进入电磁辐射区。应给受到辐射源、电磁能和高压装置辐射的人员作定期身体检查。

（2）室内电磁辐射的防护

对于室内环境中办公设备、家用电器和手机带来的电磁辐射危害，大家应采取如下保护措施：

①电器摆放不能过于集中。在卧室中，要尽量少放，甚至不放电器。

②电器使用时间不宜过长，尽量避免同时使用多台电器。

③使用微波炉时，眼睛不要看炉门，不可在炉前久站。

④注意人与电器的距离，能远则远。

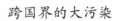

⑤尽量缩短使用电剃须刀和吹风机的时间。

⑥长时间坐在计算机前工作时，最好穿防辐射大褂或马甲、围裙等防护用品。在视频显示终端，要加装荧光屏防护网。

⑦经常饮茶或服用螺旋藻片。还可在时常的饮食中多吃些胡萝卜、西红柿、海带、瘦肉、动物肝脏等富含维生素 A、维生素 C 和蛋白质的食物，来加强机体抵抗电磁辐射的能力。

⑧对辐射较大的家用电器，如电褥子、微波炉、电磁炉等，可采用不锈钢纤维布做成罩子，或进行化学镀膜来反射和吸收阻隔电磁辐射。

⑨正确使用手机。在手机接通的瞬间，释放的电磁辐射量最大，瞬间可达 2000 毫高斯。据报道，场强在 10～150 毫高斯时，即可使体内抑制肿癌的基因 R53 发生病变，从而增加患癌几率。在手机接通几十秒后，电磁辐射强度可减少一半。因此，人们最好在手机接通几十秒后再接电话。在接电话时，要尽量使头部离手机远一点，或采用分离耳机与话筒来接听电话。同时，尽量减少通话时间，最好左右耳朵轮流听。平时不要将开着的手机挂在胸前，以防心脏受损。特别是女性，电磁辐射对内分泌和孕妇的影响更为显著。

阴霾的和平

　　和平与发展是当今时代的主题，但是局部战争的炮火仍然在这个蔚蓝色星球上演奏着"不和谐"的乐章。除了造成亲人离散、生命财产损失之外，战争更是危及了我们赖以生存的地球家园，甚至在一些战火未曾燃及的地方，环境也遭到了不同程度的影响和破坏。

　　在世界上的大多数地区，和平的天空下依然躁动着危险的因素。核泄漏，毒气泄漏，更多更可怕的物质泄漏……这些污染所造成的人员伤亡和惨烈状况并不亚于战争的危害。

　　在全球污染的包围下，和平到底是怎样的一个字眼？

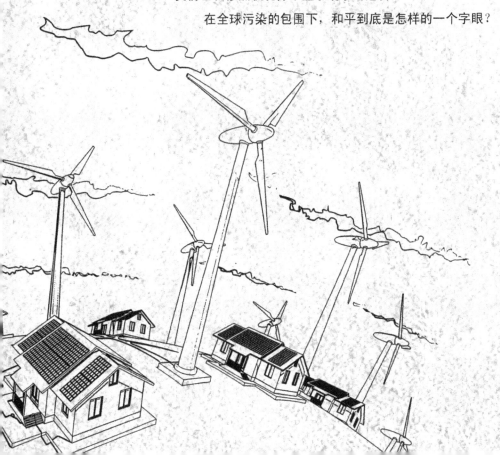

喜马拉雅山上飘起黑雪

　　1991 年，一支登山队在攀登珠穆朗玛峰时遇到了大雪，令他们惊奇的是，天上飘下的雪花居然是黑色的。黑色的雪花纷纷扬扬，使大地和天空笼罩在阴霾中。

　　引起这场黑雪的原因是 1990 年爆发的海湾战争。从 1990 年 8 月 2 日伊拉克入侵科威特开始，到 1991 年 2 月 28 日战争结束科威特宣布重新独立，这场战争除了消耗掉军费 1000 亿美元，科伊两国双方死亡 10 万人之外，还给环境带来了深重的灾难，由于环境污染和生态破坏所造成的损失远远超过了战争的直接经济损失。

　　在这场战争中，参战各方共出动飞机 10 万架次，投掷 1.8 万吨炸药，不仅严重污染了大气，还殃及了臭氧层。在这场战争中，科威特约有 700 眼油井被破坏，点燃的油井一直燃烧了 8 个月，最多时一天烧掉 80 万吨原油，价值 1 亿多美元。这些被点燃的油井在燃烧中每小时排放出 1900 吨二氧化碳（CO_2），所产生的浓烟遮天蔽日，使白昼如同黑夜，人们白天开车要打亮车灯，步行则要靠手电筒照亮。油井燃烧引起了大规模的空气污染，导致气候异常。由于日照量的减少，植被和土壤也都受到了影响。燃烧使空气中二氧化硫（SO_2）和二氧化碳含量大大超过正常值，很多地方都出现高酸度降水，对植物造成了极大的破坏。有些地方的雨水甚至都无法饮用。石油燃烧后出现的大量尘埃弥漫扩散，这些黑烟经印度洋上空的暖湿气流向东移动，在飘过喜马拉雅山上空时就凝成了黑雪降落下来。黑雪会迅速吸收阳光，使冰雪融化，引起河水暴涨，成为引发洪灾的祸源。

这场战争使参战国付出的经济代价也许可以用数字计算，但给环境带来的灾难却是无法估量的。如果波斯湾确如专家们所料在 100 年后恢复到战争前的状态，那么这 100 年之间生活和生长在波斯湾的人和其他生物损失掉的却是人们难以预料的。

全球的焦虑

战争，尤其是高科技战争对环境具有极大破坏作用，所带来的环境问题是灾难性的，更是无法弥补的。

越战期间，美军投放了许多带有毒气的炸药，使当地的土壤受到严重污染，如今交战区"怪病"患者成百倍增加，甚至有 60% 的婴儿一出生就是残疾，还有的经诊断患有一种与战争有关的"怪病"。为了消灭"丛林战士"，美国在越南战争中大量使用"落叶剂"毁灭森林，大面积的植物在生长期便落叶死亡，破坏了很多野生动物的栖息地，使生态环境急剧恶化，地面上甚至连杂草也不能生长。

在海湾战争期间担任美军排长的特洛伊·奥尔布克本是个健壮的小伙子，当时他经常带着士兵穿越沙漠，一跑就是十几千米。可是，到了 1992 年，即他返回巴灵顿的老家一年之后，奥尔布克开始感觉体力日渐不支。刚开始小腿上出现了很多斑点，很快，斑点蔓延至全身；而后双眼开始红肿，肿得连眼睛都睁不开；接着嘴唇也开始肿大，直到肿块破裂为止；当他体表的伤痕逐渐愈合之后，他的关节又开始疼痛起来。奥尔布克的这种病症，只不过是"海湾战争综合征"的一些临床反应。自1991年海湾战争结束以来，美国已经有数以千计的军人患上了这种令人疑惑不解的怪病。"海湾战争综合征"的罪魁祸首就是美国军队在轰炸伊拉克时投下的数万枚贫铀弹。

从1999年3月到6月的三个多月的时间里，科索沃的孩子们发现，天上不时飘下一个个大花篮，花篮在半空中"天女散花"一般化作一把把漂亮的黄色小伞，宛如上帝提前送来的圣诞礼物。然而就在它们着陆的一刹那，小伞纷纷爆炸，发出天崩地裂的巨响，所到之处，生灵涂炭，惨不忍睹。当然，并不是所有的小花篮都会灰飞烟灭，有5%～30%的小花篮完好无损，它们只是静静地躺在地上，或者是连着它们的降落伞一起挂在树梢上，或是在江河湖面上优哉游哉地漂荡。令人恐惧的是，这些致命的小花篮却经常被当地的孩子们当作漂亮的玩具。天真无邪的孩子们一直到这些花篮在他们手中爆炸时才知道它们并不是上帝的馈赠。不仅如此，当地的一些青少年还脱得精光地跳下那些弹坑形成的大水坑里畅游，而那一把把小黄伞就在他们身边漂浮着。

● 绿色追问——战争污染 ●

一场战争过后，多少人流离失所，多少人承受丧失亲人之痛，多少人面对已成废墟的家园。一场战争可以在几秒钟的时间里毁掉一个国家数十年的建设成果。但当我们把目光投向战争对环境造成的破坏时，便发现战争的恶果远远不止如此。一场中等战争对环境的污染可以在它结束以后持续几十年，要恢复到战争前环境的状态可能需要一百年以上。

战争使得海岸线线受到严重污染

战争对环境的影响主要包括用炸弹、导弹空袭、轰炸释放出大量的化学物质所造成的化学污染，使用核武器所造成的核污染，飞行器喷射大量气体造成的大气污染，攻击地面目标而造成有毒有害物质泄漏所引发的污染等等。

炮火中的环境

化学武器对环境的影响

化学武器是以毒剂的毒害作用杀伤有生力量的武器。目前外军列装的有化学炮弹、化学航空炸弹、化学火箭弹、导弹化学弹头、化学地雷、化学航空布洒器，以及其他化学毒剂施放器材等。由于作战方式和各国战场环境的不同，化学武器也因其特点的不同，而形成各自所需求的装备特点，只要战争的作战双方有其使用构想，化学战的危险无时不在。

化学武器问世以来，一直遭到全世界爱好和平人士的反对。国际社会为禁止化学武器作了不懈的努力，但大批的化学武器尚未销毁，而且恐怖分子使化学毒剂恐怖袭击随时可能发生，如东京地铁沙林事件。化学战袭击，不仅造成人员与动物大量死亡，造成大面积的染毒区和毒剂云团传播地带，还会造成空气、水源、设施等染毒。如果使用植物杀伤剂还能造成森林、植被、农作物的大量毁灭，从而破坏生态平衡，破坏生物链，影响整个地球的环境，导致人与自然的严重失衡。

核武器使用对环境的影响

核武器除具备普通炸弹的破坏效应之外，冲击波、光辐射、早期核辐射、放射性沾染、电磁脉冲等是核武器区别于常规武器的五大破坏因素。在科学界，提出了更具毁灭性也更为恐怖的第六大效能，那就是"核冬天"——对地球气候的改变。

核冬天，是科学家们假设在一场大规模的全面核战争中，由于核弹的爆炸在短时间内产生的数百亿吨的尘埃和烟云把地球团团地笼罩起来，隔断阳光照射，引起内陆和海洋气温骤降，造成长达数月甚至数年不见天日的黑暗和极度严寒，这种恶劣的气候使植被的光合作用中断，导致各种动物、植物的死亡和枯萎，其中也包括人类。核冬天将造成严重的后果：①庄稼无收、植物难存。在遭到核打击后，覆盖地球和海洋的植物要恢复到正常水平需要数年或更长时间。②陆地上的动物难以活命。③海洋生物锐减。④"生物圈"遭破坏，人类将遭受灭绝的威胁。

相关链接：用蘑菇医治战争污染

苏格兰科学家通过一项研究发现，普通蘑菇可以消除贫铀弹对环境、水源、土壤、生物和人体的危害。据从事此项研究的科学家们表示，这一最新研究成果可用于消除巴尔干和伊拉克战争的后遗症，因为在之前的巴尔干和伊拉克战争中北约对上述国家和地区都使用了贫铀弹。

科学家们解释称，普通蘑菇能够"封锁"贫铀弹中的有害物质进入食物链并对动植物以及水源造成污染。蘑菇具有一种令人难以置信的特性：它能够有效促使自然环境中的金属和矿物质发生转变。作为一种可以与高等植物共生的菌类，蘑菇可以将贫铀粒子转化为磷酸盐类化合物。我们知道，贫铀尽管不会产生太大的辐射危害，但它具有很强的毒性从而能够对人体造成巨大的危害。具体原理是这样的：首先，铀粒子表面经常形成一层酸性薄膜，它可以加速铀自身的锈蚀和增加薄膜内部的湿度，这就为蘑菇的萌发和生长提供了必要的条件。同时蘑菇产生的酸性物质又加速了铀自身的锈蚀进程，这样就促使铀最终转化成为磷化物。专家们称，这一进程对于恢复遭贫铀弹打击地区的土壤是非常有意义的。

关注与行动

关爱地球，拒绝战争

战争不仅不能解决问题，相反还会引发出一系列更严重的环境和社会问题。

　　和平与发展是当今世界的主题，实施可持续发展是人类共同的责任。我们只有一个地球，只有全世界的人民共同参与环境保护事业，重新审视自己的社会、政治、经济行为，深刻反思传统的发展观、价值观、环境观、战争观，才能实施人类社会的可持续发展。无论是发达国家还是发展中国家，都要理性地探索新世纪的发展模式和发展战略，寻求一条既能保证经济增长和社会发展，又能维护生态良性循环的全新发展道路。我们衷心地希望各个国家能以和平的方式解决相互之间的冲突，尊重全世界一切爱好和平人民的意愿，促进整个世界公正、公平、可持续的发展。

　　相关链接： *Heal the World*——一首歌颂和平的歌曲

　　被誉为"世界上最动听的歌曲"——"拯救世界（*Heal the World*）"是一首呼唤世界和平的歌曲。这首歌创作于1991年，是为了配合迈克尔·杰克逊与自己同名的慈善组织所做。歌词倡导人们保护和珍惜我们的环境，让战争远离，世界和平，我们的心中都有一个地方，那就是爱，让我们营造一个没有战争、没有荒地，生机勃勃，到处充满了温暖和欢乐。

　　1996年2月，"Heal the World 基金会/世界儿童年会"的一名墨西哥籍的儿童大使向联合国第二届环境预备委员会提交了一份创建可持续发展环境的模本建议。

Heal the World 的海报

　　1996年4月，"Heal the World 基金会/世界儿童年会"的儿童大使参加在乔治亚州亚特兰大市举行的"儿童为先：全球论坛"，美国前总统 Jimmy Carter、Rosalyn Carter、"Carter 中心"、"救助儿童特遣队组织"主持了会议，该会议同时由洛克菲勒基金会、Annie E. Casey 基金会、世界银行、Heal the World 基金会联合赞助主办，将来自 100 个国家的 360 名代表齐聚一堂共同商讨怎样提高儿童生活质量的战略议题。

1996 年 4 月，"Heal the World 基金会/世界儿童年会"的大使参加了在华盛顿特区举行的"青年之光"会议，寻求更多合作关系以共同呼吁建立一个有着健康环境根基的社会。

2003 年，迈克尔·杰克逊获得诺贝尔和平奖提名，这是他继 1998 年后第 2 次获得该奖项的提名，以奖励他孜孜不倦的慈善事业和通过音乐的方式促进世界和平所取得的成就。

单曲：Heal the World

演唱：迈克尔·杰克逊

专辑：《Dangerous》

词：迈克尔·杰克逊

曲：迈克尔·杰克逊

There's a place in your heart 在你心中有个地方

And I know that it is love 我知道那里充满了爱

And this place could be

Much brighter than tomorrow 这个地方会比明天更灿烂

迈克尔·杰克逊

And if you really try 如果你真的努力过

You'll find there's no need to cry 你会发觉不必哭泣

In this place you'll feel 在这个地方

There's no hurt or sorrow 你感觉不到伤痛或烦忧

There are ways to get there 到那个地方的方法很多

If you care enough for the living 如果你真心关怀生者

Make a little space 营造一些空间

Make a better place 创造一个更美好的地方

Heal the world 拯救这世界

Make it a better place 让它变得更好

For you and for me and the entire human race 为你、为我，为了全人类

There are people dying 不断有人死去

If you care enough for the living 如果你真心关怀生者

Make a better place for you and for me 为你，为我，创造一个更美好的世界

If you want to know why 如果你想知道缘由

There's a love that cannot lie 因为爱不会说谎

Love is strong 爱是坚强的

It only cares of joyful giving 爱就是心甘情愿的奉献

If we try 若我们用心去尝试

We shall see 我们就会明白

In this bliss 只要心里有爱

We cannot feel fear or dread 我们就感受不到恐惧与忧虑

We stop existing 我们不再只是活着

And start living 而是真正开始生活

Then it feels that always 那爱的感觉将持续下去

Love's enough for us growing 爱让我们不断成长

So make a better world 去创造一个更美好的世界

Make a better world 去创造一个更美好的世界

Heal the world 拯救这世界

Make it a better place 让它变得更好

For you and for me and the entire human race 为你、为我，为了全人类

There are people dying 不断有人死去

If you care enough for the living 如果你真心关怀生者

Make a better place for you and for me 为你，为我，创造一个更美好的世界

And the dream we were conceived in 我们心中的梦想

Will reveal a joyful face 让我们露出笑脸

And the world we once believed in 我们曾经信赖的世界

Will shine again in grace 会再次闪烁祥和的光芒

Then why do we keep strangling life 那么我们为何仍在扼杀生命

Wound this earth 伤害地球

Crucify its soul 扼杀它的灵魂

Though it's plain to see 虽然这很容易明白

This world is heavenly be God's glow 这世界天生就是上帝的荣光

We could fly so high 我们可以在高空飞翔

跨国界的大污染

Let our spirits never die 让我们的精神不灭

In my heart I feel you are all my brothers 在我心中，你我都是兄弟

Create a world with no fear 共同创造一个没有恐惧的世界

Together we'll cry happy tears 我们一起流下喜悦的泪水

See the nations turn their swords into plowshares 看到许多国家把刀剑变成了犁耙

Heal the world 拯救这世界

Make it a better place 让它变得更好

For you and for me and the entire human race 为你、为我，为了全人类

There are people dying 不断有人死去

If you care enough for the living 如果你真心关怀生者

Make a better place for you and for me 为你，为我，创造一个更美好的世界

......

You and for me 为你为我

You and for me 为你为我

You and for me 为你为我

死亡之城——切尔诺贝利

1986年4月26日凌晨的1点23分，苏联乌克兰地区切尔诺贝利核电站的一声爆炸，带来了人类和平使用核能历史上的一次最大的惨剧。

8吨多强辐射物质混合着炙热的石墨残片和核燃料碎片喷涌而出，释放出的辐射量相当于日本广岛原子弹爆炸量的200多倍。大量的放射性物质外泄，使周围环境的放射剂量高达200伦琴/小时，为允许指针的2万倍。1700多吨石墨成了熊熊大火的燃料，火灾现场温度高达2000℃以上。救援直升机向4号反应堆投放了5000吨降温和吸收放射性元素的物质，并通过遥控机械为反应堆修筑了厚达几米的绝缘罩。

严重的泄漏及爆炸事故，导致31人当场死亡，上万人由于放射性物质远期影响而致命或重病，至今仍有被放射线影响而导致畸形胎儿的出生。

当天，一些较重的放射性物质就随风向西扩散到了波兰。第

切尔诺贝利核泄漏事故
发生后的应急处理

三天，放射性尘埃扩散到苏联西部的大片地区，并开始威胁西欧。第四天，斯堪的纳维亚半岛和德国受到影响。10 天内，放射性尘埃落到了欧洲大部分地区。今天的乌克兰、白俄罗斯、俄罗斯受污最为严重，由于风向的关系，据估计约有 60% 的放射性物质落在白俄罗斯的土地。此事故引起大众对于苏联的核电厂安全性的关注。苏联瓦解后独立的国家包括俄罗斯、白俄罗斯及乌克兰等每年仍然投入经费与人力在事故的善后以及居民的健康保健方面。因事故而直接或间接死亡的人数难以估计，且事故后的长期影响到目前为止仍是个未知数。2005 年一份国际原子能机构的报告认为直到当时有 56 人丧生——47 名核电站工人及 9 名儿童患上甲状腺癌——并估计大约 4000 人最终将会因这次意外所带来的疾病而死亡。

事故发生后，切尔诺贝利附近被封锁起来

自 1986 年切尔诺贝利核事故发生后，离核电站 30 千米以内的地区被辟为隔离区，很多人称这一区域为"死亡区"，20 年了，这里仍被严格限制进入。隔离区外有一个检查站，持有自动武器的军人在这

里值勤，欲进入隔离区的人必须具备合法手续和有效证件，18岁以下的未成年人则绝对禁止进入。所有从隔离区出来的人，还必须在专门仪器上接受检查，如果身体遭受辐射超标，必须采取相关措施。

切尔诺贝利核电站附近的电影院

 全球的焦虑

1957年以来，人们开始建设核电站利用核能发电，到现在，核电约占全世界电力的1/5，对繁荣经济起了巨大作用。但是不可回避的是，在过去的近半个世纪中，核能也曾给人类带来过巨大的伤害，"核泄漏"这一隐患就如一颗定时炸弹埋在了人们心里。除了切尔诺贝利核泄漏事故之外，历史上发生的其他核泄漏事故，也都造成了相当的危害。

三里岛事件

1979年3月28日凌晨4时半，美国宾夕法尼亚州萨斯奎哈河三里岛核电站95万千瓦压水堆电站2号反应堆主给水泵停转，辅助给水泵按照预设的程序启动，但是由于辅助回路中一道阀门在此前的例行检修中没有按规定打开，导致辅助回路没有正常启动，Ⅱ回路冷却水没有按照程序进入蒸汽发生器，热量在堆心聚集，堆心压力上升。堆心压力的上升导致减压阀开启，冷却水流出，由于发生机械故障，在堆心压力回复正常值后堆心冷却水继续注入减压水槽，造成减压水槽水满外溢。Ⅰ回路冷却水大量排出造成堆心温度上升，待运行人员发现问题所在的时候，堆心燃料的47%已经融毁并发生泄漏，系统发出了放射性物质泄漏的警报，但由于当时警报蜂起，核泄漏的警报并未引起运行人员的注意，甚至现时无人能够回忆起这个警报。直到当天晚上8点，2号堆Ⅰ、Ⅱ回路均恢复正常运转，但运行人员始终没有察觉堆心的损坏和放射性物质的泄漏。

此后，宾夕法尼亚州州长出于安全考虑于3月30日疏散了核电站5英里范围内的学龄前儿童和孕妇，并下令对事故堆芯进行检查。检查中才发现堆芯严重损坏，约20吨二氧化铀堆积在压力槽底部，大量放射性物质堆积在反应堆安全壳内，少部分放射性物质泄漏到周围环境中。

三里岛核泄漏事故是核能史上第一起反应堆堆芯融化事故，自发生至今一直是反核人士反对核能应用的有力证据。三哩岛核泄漏事故虽然严重，但未造成严重后果，究其原因在于安全壳发挥了重要作用，凸现了其作为核电站最后一道安全防线的重要作用。而在整个事件中，运行人员的错误操作和机械故障是重要的原因。

帕洛玛雷斯核事故

1966年1月15日上午10时22分，两架美国战略空军司令部的飞机———一架B-52轰炸机和一架KC-135空中加油机，在西班牙沿海的比利亚里科斯村和帕洛玛雷斯村的上空进行空中加油训练，在两机连接时，突然在31000英尺（1英尺≈0.3米）的高空相撞。轰炸机发生爆炸解体，变成了一团巨大的、烈焰奔腾的火球，加油机摇摇摆摆地向前飞行一会儿，也开始解体，200多吨燃烧着的飞机残片，零乱地散布在空中，落向地面上惊慌失措的目击者们。其中，有 4 枚威力巨大的氢弹！

据统计，美军动员了近 3000 多人竭尽全力干了将近 3 个月，花费了近 2000 万英镑，使用了 18 艘舰船和各种最精密、最古怪的装备，最终才于 4 月 7 日 8 时 45 分，也就是事故发生后的第 79 天 22 小时 23 分钟之后，取得了前所未有的技术上的成功，第四颗氢弹被拉上船，回到了美国人的手中。据统计，仅美国战略空军，由于飞行事故而从空中坠落的核弹就有数十枚之多，幸运的是，所有这些核事故都没有导致核爆炸，不然，后果将不堪设想。

图勒核泄漏事故

1968 年 1 月 21 日，一架美国 B－52 轰炸机机舱起火，机组人员被迫选择放弃轰炸机。轰炸机坠毁在格陵兰图勒空军基地附近的海冰上，造成飞机装载的核弹破裂，导致大范围的放射性污染。

苏联核潜艇事故

1985 年 8 月，苏联 K－431 号巡航导弹核潜艇在符拉迪沃斯托克港加油时，在船坞内排除故障时误操作引起反应堆爆炸，造成 10 余人死亡，49 人被发现有辐射损伤，环境受到污染，艇体严重损坏。

巴西戈亚尼亚铯－137 事件

1987 年，在巴西的大城市戈亚尼亚，发生过一起放射性事故。一家私人放射治疗研究所乔迁，将铯－137 远距治疗装置留在原地，未通知主管部门。两个清洁工进入该建筑，将源组件从机器的辐射头上拆下来带回家拆卸，造成源盒破裂，产生污染，致使 14 人受到过度照射，4 人 4 周内死亡。约 112000 人接受监测，249 人发现受到污染。数百间房屋受到监测，85 间发现被污染。整个去污活动产生 5000 立方米的放射性废物，社会影响非常之大，以致在戈亚尼亚的一个建有废物处置库的边远乡村，把象征放射性的三叶符号做成了村旗。

美国内华达州丝兰山脉核试验

据内华达试验场的官员们承认，在美国停止地面核试验转而进行地下核试验的 20 多年中，该试验场共进行了 475 次地下核爆炸，其中有 62 次发生了程度不同的事故。根据美国能源部的事故分类，53 次属于辐射 "泄漏或渗漏"，7 次属于 "严重辐射泄漏"。其中最严重的一次是 1970 年 12 月 18 日爆炸的代号为 "贝恩巴里" 的 1 万吨级核弹。这颗核弹安置在深 900 英尺、直径 86 英寸（1 英寸 ≈ 0.02 米）的竖井中，爆炸以后，相当于 300 万居里的放射性物质，在 24 小时内喷射到 8000 英尺高的大气层，其放射性尘埃一直飘到北达科他州。

● 绿色追问——核污染 ●

作为一种能源，核电的确有着不可比拟的魅力——它是目前最新式、最干净，且单位成本最低的一种电力资源；它稳定性高、寿期长、低污染，在解决资源紧缺、改善环境质量方面具备明显优势；它可以促进经济发展并协调经济发展与环境建设的关系，是可持续发展的重要能源。

核电在带给人们便利的同时也充满了危险的信号，譬如核污染。

核污染是指由于各种原因产生核泄漏甚至爆炸而引起的放射性污染。其危害范围大，对周围生物破坏极为严重，持续时期长，事后处理危险复杂。

放射性物质可通过呼吸吸入，皮肤伤口及消化道吸收进入体内，引起内辐射，辐射可穿透一定距离被机体吸收，使人员受到外照射伤害。内外照射形成放射病的症状有：疲劳、头昏、失眠、皮肤发红、溃疡、出血、脱发、白血病、呕吐、腹泻等。有时还会增加癌症、畸变、遗传性病变发生率，影响几代人的健康。一般讲，身体接受的辐射能量越多，其放射病症状越严重，致癌、致畸风险越大。

关注与行动

切尔诺贝利是全球公共议程的重要符号。因为核电站不出问题则已，一出问题就足以造成大规模毁灭性伤害。尽管核泄漏的危机难以排除，但人类从来没有停止发展核技术的步伐。关键的问题是我们如何防范此类事故的再度发生，并且对降低核事故的伤害展开研究。目前，世界上的主要国家对待核能都持以非常谨慎的态度。

俄罗斯：开发核能更重安全

切尔诺贝利核事故的惨痛教训推动核能技术向更安全的方向发展。俄罗斯如今的核电技术与20年前不可同日而语。俄的核电建设在世界居于前列。

德国：通过立法放弃核能

切尔诺贝利核事故发生后，德国展开了一场马拉松式的长年论战，焦点是否应放弃使用核能。2002年德政府立法放弃核能。新上台的大联合政府继承了这一决定，计划到2021年逐步关闭所有核电站。

美国：防止恐怖袭击是大事

"9·11"恐怖袭击后，美国政府马上意识到了核电站所存在的危险。华盛顿官员表示，美国目前有超过100座核电站，如果恐怖分子从空中对美国发动袭击，这些核电站很可能首当其冲。

中国：类似事故绝不会发生

凭着高质量的技术保障和严格的监督管理体系，中国的核电专家表示类似切尔诺贝利核泄漏在中国绝不会发生。

中国核电站有4道安全屏障。一是核电站的燃料是二氧化铀的陶瓷体芯块，能把绝大部分的裂变产物自留在芯块内；二是性能相当好的锆合金包壳管把芯块密封在管里；三是压力容器及1回路压力边界；四是安全壳。当4道屏障同时失效，放射性物质才有可能泄漏，但这个概率是极低的。

另一方面，自1984年中国建造第一座核电站开始，国家对核安全的重视就从未松懈过，制定了一套完整的核安全监督管理体系——成立专门的核安全监管机构；建立完全与国际接轨的核安全法规标准体系；对所有核电站实施安全许可制度，安全许可证发放后，继续对核电站的设计、建造、运行实施全程安全监督；中国核安全局在中国的四个地区建有监督站，对所有运行或在建的核电站实行24小时现场监督……20年来，国家投入了大量人力物力进行研发，从主管部门到电站业主，经过 20 年的发展，其设计、运行、维护的经验不断增加，这也是核安全得到保障的重要基础。

我国的大亚湾核电站

悲惨的博帕尔之夜

1984年12月2日夜，在印度中央邦首府博帕尔，当地居民正在梦乡中酣睡，一场惨绝人寰的大难却悄然袭来。

子夜时分，在位于博帕尔市郊的美国联合碳化物公司农药厂内，一个储气罐压力突然急剧上升。储气罐里装着45吨液态剧毒物异氰酸甲酯，是用来制造农药西维因和涕灭威的原料。3日0时56分，储气罐阀门失灵，罐内的剧毒化学物质以气体的形态迅速向外泄漏并扩散。1小时后，毒气形成的浓重烟雾已笼罩在全市上空。

从农药厂泄漏出来的毒气越过工厂围墙，首先进入毗邻的贫民区。贫民区内的数百名居民立刻在睡梦中死去。毒气紧接着弥漫到火车站附近，那里有许多乞丐为避寒挤在一起。几分钟之内，火车站附近便有数十人丧生，200多人严重中毒。毒气接着又穿过庙宇、商店、街道和湖泊，飘过25平方英里（1平方英里≈2.6平方千米）的市区。那天晚上没有风，空中弥漫着大雾，使得毒气以较大的浓度继续缓缓扩散，传播死亡的信号。

当时，博帕尔不少市民以为城市遭到原子弹袭击或是发生了大地震，哀叹世界末日已经来临。待得知是工厂毒气泄漏后，全城居民慌忙出逃。人们坐着小汽车、拉着木板车、骑着自行车，以各自最快的速度逃走。然而，毒气是无情的，不少人在逃跑途中双目失明，甚至一头栽倒在路旁，再也爬不起来。一瞬间，街道上死尸接踵相连。尸体腐烂的气味悬浮在空中，与火葬场上飘来的烟雾混在一起，让人恶心。双目失明的人们你拉着我，我拉着你，张皇失措地惊叫着，不知道哪里才是安全的地方。在大街上、道路旁，牛、狗以及其他牲畜也在痛苦中挣扎着。

就这样，从毒气泄漏的当天早晨起，博帕尔就如同遭到原子弹袭击一样，虽然房屋全都完好无损，但到处可见人和牲畜的尸体。好端端的城市变成了一座恐怖之城。

根据印度卫生部门公布的报告，在短短数日内，毒气泄漏造成博帕尔市3000多人丧生，12.5万人不同程度地遭到毒害，上万人因此终生致残。

灾难翌日坐在工厂门外的生还者，眼睛和肺部被严重损害

在毒气泄漏事件发生的第二年，博帕尔市的新生儿中，近25%在出生不久后死去。婴儿死亡率之高令人震惊。

灾难发生后，当时的印度总理拉·甘地代表印度政府要求美国联合碳化物公司赔偿损失。美国梅尔文·贝利律师事务所和另外两家律师事务所共同代表印度受害人提起诉讼，要求美国联合碳化物公司赔偿 150 亿美元，指控这家跨国公司在设计与经营方面都有不当，因而造成这起毒气外泄、导致大批人员死亡的工业事故。

经过长达 5 年的诉讼，印度最高法院在 1989 年 2 月做出最终裁决，要求美国联合碳化物公司为其在印度博帕尔市的子公司一次性赔偿 4.7 亿美元的损失。3000 多条人命最终换来的只是 4.7 亿美元的赔偿，而且除 9 名低层管理人员外，联合碳化物公司在博帕尔工厂的高层管理人员无一因此坐牢。

 全球的焦虑

博帕尔的悲惨情境还未从人们的脑海中散去，化工厂的毒气污染却一次又一次在世界的各个角落发生，不断制造新的悲剧。

2001 年 6 月 11 日，距离日本首都东京 700 千米的山口地区一家生产聚亚安酯的工厂发生毒气泄漏事件，46 名工人在事件中中毒，中毒工人感到呼吸困难，咽喉疼痛。其中 3 人情况危急。

2005 年 8 月 27 日下午 4 点 30 分，位于我国常州金坛的江苏康泰氟化工有限公司发生一氟三氯乙烷泄漏，导致该厂附近 1500 余亩（1 亩≈666.67 平方米）农作物全部中毒死亡，30 余村民入院治疗。被毒气污染的稻田成片枯黄，方圆数千米呈现寒冬才有的肃杀景象。

经环保部门现场检查发现，泄漏是由于该化工厂 2 号车间精馏塔上的一个玻璃制的视镜发生爆裂，导致该车间正在作业的一氟三氯乙烷化工原料发生突发性的外泄，浓度很大，并且持续时间长达十几分钟。

2008 年 1 月 9 日 14 时左右，位于我国重庆主城巴南区走马二村的重庆特斯拉化学原料有限公司发生有毒气体硫化氢泄漏事故,造成5人死亡,另有11人因毒气中毒被送往附近医院进行急救。

2008年4月8日,巴基斯坦东部旁遮普省的一家核工厂在当天下午进行年度检修时,一个装有有毒气体的罐子发生泄漏,造成2名工作人员死亡。随后巴安全和消防部门立即赶往现场紧急处理事故,并疏散了周围群众。相关负责人声称现场没有出现任何放射性物质泄漏的迹象,工厂附近的群众没有安全威胁。

● 绿色追问——有毒有害化学品污染 ●

化工行业是国民经济的基础工业,属于各国的支柱性产业,在对经济的发展和社会的进步起到重要的推动作用。在欧美等国,化学工业的比重甚至占到1/3以上。但是如果化工厂的安全防护措施没有到位,引发诸如毒气泄漏之类的事故,将会造成不可估量的严重后果。

由于人为或自然的原因,引起化工厂有害气体的泄漏、污染、爆炸、造成损害即为化工厂污染事故。化工厂毒气中含有大量对人体有害的物质,毒气泄漏会刺激眼睛、损伤呼吸道、麻痹神经,导致接触者胸闷窒息、头晕昏迷、流泪致盲,严重的甚至造成死亡。

目前全世界已合成出1000多万种化学物质,且以每年新合成10万多种的速度在增加,每年新登记注册的有1000多种,常用化学品在8万种以上。中国是生产和消费化学品的大国之一。据1995年公布的数字,中国已能生产37000多种化学品,其中有毒有害化学品约占总量的8%。

有毒有害化学物质的环境安全性已成为巨大的社会问题并已成为当前世界各国关注的重大环境问题之一。化学品的"环境安全性"直接关系到生态环境与人体健康的保护与安全，是国家可持续发展及民族繁衍生息等代表国家根本利益的国家安全性的重要组成部分。目前，我国对有毒化学品缺乏严格的环境管理法规制度，监测手段不完善，缺乏有针对性的控制对策。

 关注与行动

化工厂毒气的安全与控制是当前世界各国普遍关注的国际性环境问题之一。从 20 世纪 70 年代中期起，美国、日本和欧洲工业化国家相继制定并不断完善化学物质环境管理法规。到本世纪初，各国已经普遍建立一整套化学物质环境管理法规体系。1995 年 10 月 1 日我国颁布实施《重大事故隐患管理规定》。2002 年 3 月国务院颁布《化学危险物品安全管理条例》。2004 年 3 月，我国国家安全生产监督管理局组织起草《特种设备安全监察条例》、《重大危险源辨识》。

对于我国来说，当前迫切需要加强的是对化学品管理法律法规的执法力度。对环境保护造成严重污染的企业，应依法给予追究，对人身由环境污染造成危害的应依据法律给予处罚和赔偿。这在日本等工业发达国家早已实行了法律管理制度。此外我们还应通过宣传教育提高从事化学危险品生产、贮存、经营、运输和使用的单位和个人的遵法守法意识，加强对有害化学品的安全和环境管理。特别是应按着我国环境保护法来严格管理有害化学品。

毒气泄漏事件的处理措施

大多数的毒气事故，都是因为毒气泄漏造成的。消防人员可与事故单位的专业技术人员密切配合，采用关闭阀门、修补容器、管道等

办法，组织毒气从管道、容器、设备的裂缝处继续外泄。同时对已泄漏出来的毒气必须及时进行洗消，常用的洗消方法有以下几种。

（1）控制污染源。抢修设备与消除污染相组合。抢修设备旨在控制污染源，抢修愈早受污染面积愈小。在抢修区域，直接对泄漏点或泄漏部位洗消，构成空间除污网，为抢修设备起掩护作用。

（2）确定污染范围。做好事故现场的应急监测，及时查明泄漏源的种类、数量和扩散区域。明确污染边界，确定洗消量。

（3）严防污染扩散。利用就便器材与消防专业装备器材相结合。对毒气事故的污染清除，专业器材具有效率高、处理快的明显优势，但目前装备数量有限，难以满足实际应用，所以必须充分发挥企业救援体系，采取有效措施防止污染扩散。常用的方法有四种：

①堵——用针对性的材料封闭下水道，截断有毒物质外流造成污染。

②撒——可用具有中和作用的酸性和碱性粉末抛撒在泄漏地点的周围，使之发生中和反应，降低危害程度。

③喷——用酸碱中和原理，将稀碱（酸）喷洒在泄漏部位，形成隔离区域。

④稀——利用大量的水对污染进行稀释，以降低污染浓度。

（4）污染洗消。利用喷洒洗消液、抛洒粉状消毒剂等方式消除毒气污染。一般在毒气事故救援现场可采用如下三种洗消方式：

①源头洗消。在事故发生初期，对事故发生点、设备或厂房洗消，将污染源严密控制在最小范围内。

②隔离洗消。当污染蔓延时，对下风向暴露的设备、厂房、特别高大建筑物喷洒洗消液，抛撒粉状消毒剂，形成保护层，污染降落物流经时即可产生反应，减低甚至消除危害。

③延伸洗消。在控制住污染源后，从事故发生地开始向下风方向对污染区逐次推进全面而彻底的洗消。

后　　记

　　本书介绍了目前全球的若干种污染现象，既包括自工业革命以来出现的大气污染、水污染、土壤污染，也包括近几年随着高科技发展和经济增长而导致的新的污染，如装修污染、车内污染、化妆品污染、电磁辐射污染等等。此外也探讨了关于和平与发展时期因为国家与企业利益而致环境质量与人身安全而不顾的战争污染、核泄漏污染、毒气污染等等。

　　本书的初衷，是希望通过汇集这些跨国界的污染话题，引起人们的警示与反思。在社会朝着更加快捷、现代的方向发展的今天，我们更应该处理好个人与自然、个人与社会的关系。毕竟，人是要靠一定的环境才能够生存发展的。如果环境被污染破坏殆尽，人类也就失去了依存的空间。

　　地球是我们共同的家园，需要我们每个人的呵护。最终希望通过这本书中所记录的内容，能激发起大家对于污染现象的关注，进而落实到环保行动中去。通过大家的共同的努力，从身边做起，减少污染给生活带来的不便，给我们自己也给后辈留下一个绿色的家园。